湖北巴东金丝猴国家级自然保护区

植物图鉴（上）

刘 虹 覃 瑞 钱才东 编著

科 学 出 版 社

北 京

内 容 简 介

湖北巴东金丝猴国家级自然保护区位于湖北省恩施土家族苗族自治州巴东县境内，保护区内动植物品种生物多样性极其丰富，主要保护对象是以川金丝猴、珙桐、红豆杉等为代表的珍稀野生动植物及其栖息地，以及保存完好的亚热带森林生态系统。保护区内分布着大面积的以针叶林和针阔叶混交林为主的原始森林，植物资源非常丰富。本书分为上下两册，共收录保护区代表性野生维管植物131科335属560种，每种植物均配以生境、全株、花、果实等特写彩色照片1～5幅，植物命名采用英文版《中国植物志》(Flora of China，FOC)学名标准。全书分为石松类和蕨类植物、裸子植物、被子植物双子叶离瓣花类、被子植物双子叶合瓣花类、被子植物单子叶植物五部分，科名的排序采用恩格勒植物分类系统。为方便快速浏览查阅，科内属名和种名按照英文字母排序。

本书可供自然保护区工作人员、植物学相关的科研工作者及自然爱好者参考。

图书在版编目（CIP）数据

湖北巴东金丝猴国家级自然保护区植物图鉴：全2册 /刘虹，覃瑞，钱才东编著. —北京：科学出版社，2024.5

（武陵山区国家级自然保护区植物图鉴丛书）

ISBN 978-7-03-076930-5

Ⅰ.①湖… Ⅱ.①刘… ②覃… ③钱… Ⅲ.①自然保护区—植物—湖北—图集 Ⅳ.① Q948.526.3-64

中国国家版本馆 CIP 数据核字（2023）第217243号

责任编辑：闫 陶/责任校对：邹慧卿
责任印制：彭 超/封面设计：莫彦峰

科 学 出 版 社 出版

北京东黄城根北街16号
邮政编码：100717
http://www.sciencep.com

武汉精一佳印刷有限公司印刷
科学出版社发行 各地新华书店经销

*

开本：787×1092 1/16
2024年5月第 一 版 印张：21 1/4
2024年5月第一次印刷 字数：503 000
定价：528.00元（全2册）
（如有印装质量问题，我社负责调换）

《湖北巴东金丝猴国家级自然保护区植物图鉴（上）》作者名单

主　　编：刘　虹　覃　瑞　钱才东

副 主 编：宋法明　孙长奎　朱　云

编　　委：田　江　田丹丹　兰进茂　兰锦玥

兰德庆　向　东　向子军　向妮艳

刘　娇　杜志宝　杨　益　杨天戈

杨程超　余光辉　张永申　陆归华

陈　奎　陈喜棠　易丽莎　罗　琳

赵　爽　赵德缙　夏　婧　唐　银

韩　昕　覃永华　谭文赤　谭俊艳

熊海容

主　　审：郭友好

摄　　影：刘　虹　陆归华　兰德庆　易丽莎

"武陵山区国家级自然保护区植物图鉴丛书"

合 作 单 位
（排名不分先后）

中南民族大学

武汉大学

湖北民族大学

湖北省农业科学院中药材研究所

湖北巴东金丝猴国家级自然保护区（巴东县）

湖北七姊妹山国家级自然保护区（宣恩县）

湖北星斗山国家级自然保护区（恩施市、利川市、咸丰县）

湖北木林子国家级自然保护区（鹤峰县）

湖北长阳崩尖子国家级自然保护区（长阳土家族自治县）

湖北后河国家级自然保护区（五峰土家族自治县）

丛 书 序 一

武陵山区是我国内陆跨省交界地区面积最大、人口最多的少数民族聚居区，是国家西部大开发和中部地区崛起战略交汇地带，是典型的"老少边山穷"地区，也是2021年以前我国扶贫开发的重点地区。自2012年开始，在党中央国务院统一部署下，由国家民族事务委员会负责牵头组织实施，从委属六所高校中抽调精兵强将，作为武陵山区联络员，派驻武陵山区各个县、市、区担任重要领导职务，拉开了国家层面实施武陵山区精准扶贫的序幕。

武陵山区独特的地理环境，造就了丰富的人文资源，湘西出生的名人有著名文学家沈从文、慈善教育家熊希龄、鬼才画家黄永玉和诞生于武陵山区的中国航天第一人、中国航校创始人秦国镛及其次子秦家柱。还有明代武陵山区百姓曾独立抗击倭寇三千士兵，以及历史有名的改土归流、闻名中外的里耶古城、闻名世界的民族金曲《龙船调》、脍炙人口的《六口茶》等都出自武陵山区。武陵山区独特的地理环境，还造就了丰富的生物资源。武陵山区是我国35个生物多样性优先保护区域之一，是北纬30°上地理结构最稳定、生物多样性最丰富、文化资源最丰富的区域之一，人文社会地理及生物资源得天独厚，素有"华中药库""中国绿肺"之称。历史、交通等诸多原因造成了该区域经济上客观的发展滞后，这与其丰富多样的资源严重不对称，应该说武陵山区是穷而不贫，解决穷的关键是如何发挥资源优势。

值得欣慰的是，国家民族事务委员会直属院校自改革开放以来得到了迅猛发展，在人文社会科学、自然科学方面储备了大量优秀人才，使得民族高校在少数民族地区发展中发挥重要作用成为可能。与武陵山区同位于华中地区的中南民族大学的一批年轻科研工作者率先把目光转向了武陵山区，他们把保护与利用该区域丰富的生物资源作为主要研究内容。这批研究人员在武陵山区艰苦细致的前期工作，得到了同行专家和武陵山区各级人民政府的广泛认可和支持，由此等诸多因素促成了2014年由中国科学院动物研究所、中南民族大学牵头的"武陵山区生物多样性综合科学考察"项目获得科技部基础性工作专项重点项目的支持。

为促进武陵山区的发展，在科技部项目执行完成后和前期野外调查工作的基础上，中南民族大学与武陵山区各国家级自然保护区决定抽出专门人员和专项资金先行出版"武陵山区国家级自然保护区植物图鉴丛书"，在该丛书陆续付梓之际，谨祝之外，衷心感谢长久以来关注民族地区、支持民族地区发展的学者和社会各界人士，希望更多的中青年学者、科研工作者投入民族地区的科学研究和社会发展中，为促进民族大融合、实现中华民族伟大复兴作出贡献。

2021年4月

丛 书 序 二

　　武陵山区是武陵山脉所覆盖区域,包括湖北、湖南、贵州和重庆4省(直辖市)交界的71个县(市、区),总面积约17万km²。武陵山区属于我国地形第一、二级阶梯的过渡地带,是我国亚热带森林系统核心区。武陵山区是我国植物多样性的一个关键地区,植物区系组成复杂多样,植物资源极其丰富,有着丰富的东亚-北美间断属和中国特有属,也是中国三个特有中心之一——川东-鄂西特有中心的核心区域,该区域内仅国家级自然保护区就有23个。

　　早在1988~1990年,中国科学院植物研究所以路安民研究员、王文采院士为首的老一辈植物学家就组织过对原武陵山区[当时含50个县(市、区),面积10万km²]植物资源的调查,其调查结果显示:武陵山区共有维管植物217科1039属3807种。武陵山区的植物多样性由此可窥一斑。现如今,武陵山区无论是面积还是人口都发生了翻天覆地的变化,由中南民族大学、中国科学院植物研究所、吉首大学、怀化学院组成的植物多样性野外考察团队,本着完善武陵山区植物多样性前期调查工作的需要,为协调经济快速增长与植物资源保护及可持续利用之间的矛盾,以促进地方生态产业和生态文明建设、实现武陵山区精准扶贫(2021年以前)战略目标为宗旨,开展武陵山区植物多样性综合科学考察,这一科学考察具有重要的意义。

　　作为科技部基础性工作专项重大项目"武陵山区生物多样性综合科学考察"(2014-FY110100)研究的系列成果之一,该丛书的出版将为武陵山区地方政府对植物资源合理开发、利用及保护提供重要科学依据;同时也可为各自然保护区的科学管理提供第一手的基础资料,对实现国家"十二五"规划中高效、生态、安全的现代生物资源产业发展具有十分重要的意义;尤为重要的是,培养和锻造了一支从事经典植物学研究的专业队伍。

郭友好

2021年6月

丛 书 前 言

  武陵山区指武陵山脉所覆盖地区,包括湖北、湖南、贵州、重庆4省(直辖市)71个县(市、区),总面积为17.18万 km²(表1)。武陵山区境内有30多个少数民族,其中包括土家族、苗族、侗族、瑶族和白族等8个世居少数民族,少数民族人口约2300万,占武陵山区总人口的一半以上,约占全国少数民族总人口的18%。

表1　武陵山区行政区域范围

省(直辖市)	地(市、州)	县(市、区)
湖北省（11个）	宜昌市	秭归县、长阳土家族自治县、五峰土家族自治县
	恩施土家族苗族自治州	恩施市、利川市、建始县、巴东县、宣恩县、咸丰县、来凤县、鹤峰县
湖南省（37个）	邵阳市	新邵县、邵阳县、隆回县、洞口县、绥宁县、新宁县、城步苗族自治县、武冈市
	常德市	石门县
	张家界市	慈利县、桑植县、武陵源区、永定区
	益阳市	安化县
	怀化市	中方县、沅陵县、辰溪县、溆浦县、会同县、麻阳苗族自治县、新晃侗族自治县、芷江侗族自治县、靖州苗族侗族自治县、通道侗族自治县、鹤城区、洪江管理区
	娄底市	新化县、涟源市、冷水江市
	湘西土家族苗族自治州	泸溪县、凤凰县、保靖县、古丈县、永顺县、龙山县、花垣县、吉首市
重庆市（7个）	重庆市	丰都县、石柱土家族自治县、秀山土家族苗族自治县、酉阳土家族苗族自治县、彭水苗族土家族自治县、黔江区、武隆区
贵州省（16个）	遵义市	正安县、道真仡佬族苗族自治县、务川仡佬族苗族自治县、凤冈县、湄潭县、余庆县
	铜仁市	碧江区、江口县、玉屏侗族自治县、石阡县、思南县、印江土家族苗族自治县、德江县、沿河土家族自治县、松桃苗族自治县、万山区

"武陵"作为行政区划的名称始于汉代。《汉书·地理志》载："武陵郡,高帝置。"《中国古今地名大辞典》在解释"武陵郡"时说："汉置,治义陵,在今湖南溆浦县南三里。后汉移至临沅,在今湖南常德县西。隋初废,寻复置移今常德县治。唐置朗州,寻仍曰武陵郡,后又为朗州。宋曰朗州武陵郡,寻废。"《辞海》在解释"武陵"时说："郡名,汉高帝置。治所在义陵(今湖南溆浦)。辖境相当今湖北长阳、五峰、鹤峰、来凤等县,湖南沅江流域以西,贵州东部及广西三江、龙胜等地。东汉移治临沅(今湖南常德市西)。其后辖境逐渐缩小。隋开皇九年(589年)废。大业及唐天宝、至德时又曾改朗州为武陵郡。"延至宋以后,"武陵"作为行政区划的名称再未出现于文献中,元代开始施行行省制度,历史上的"武陵郡"划归于湘、鄂、川、黔4省管辖,于是"武陵"被湘、鄂、渝、黔边区代替。

　　武陵山区属我国地形第二级台阶东部边缘的一部分,是我国三大地形阶梯中的第一级阶梯向第二级阶梯的过渡带,位于北纬27°10′~31°28′,东经106°56′~111°49′,是云贵高原的东部延伸地带,是连接云贵高原和洞庭湖平原的过渡区。其地质、地貌类型复杂,主要由古生代的沉积岩和部分沉积变质岩组成,喀斯特地貌特征明显,地形复杂且海拔差异大,平均海拔1000m以上,梯度变化100~3000m,武陵山区全境的70%海拔处于800m以上,境内有梵净山、八大公山、星斗山、七姊妹山等主要山峰。武陵山脉的主峰为梵净山,海拔2572m。

　　武陵山脉贯穿湖北、湖南、贵州、重庆4省(直辖市),是乌江、沅江、澧水的分水岭。武陵山区地处北纬30°附近,气候属亚热带向暖温带过渡类型,平均温度为13~16℃;年降水量1100~1600mm;无霜期在280d左右,气候温暖湿润。武陵山脉形成于侏罗纪至白垩纪古老的"燕山运动",历经了1亿多年的重大地质历史事件与古气候的环境变迁过程,并在第四纪冰期中成为许多古老孑遗物种的"避难所",形成了古老、独特且丰富的动植物类群与区系成分。得天独厚的地貌及气候条件,孕育了武陵山区丰富的动植物多样性。

　　武陵山区是我国内陆跨省交界地区面积最大、人口最多的少数民族聚居区,是国家西部大开发和中部地区崛起战略交汇地带。改革开放以来,在党的民族政策的大力扶持下,武陵山区经济社会发展加快,经济总量获得较大提升,但是,由于起点低、底子薄,与全国其他地区相比,人均生产总值偏低,起支撑作用的企业不多,地区发展存在较大的失衡。武陵山区在有效的发展进程中呈现出以下区域特征:经济发展总体水平低,城镇空间结构分散,基础设施建设严重落后,生态环境脆弱,公共服务能力弱,市场发展程度低。

　　20世纪80年代以来,武陵山区先后成立了湘鄂川黔边区(县、市、区)政府经济技术协作区、渝鄂湘黔毗邻地区民族工作协作会、渝鄂湘黔县市区(书记县长)经济发展研究会等区域协作形式。2009年,《国务院关于推进重庆市统筹城乡改革和发展的若干意见》(国发〔2009〕3号)明确提出:协调渝鄂湘黔四省市毗邻地区成立"武陵山经济协作区",组织编制区域发展规划,促进经济协作和功能互补,加快老少边穷地区经济社会发展。同时,国家民族事务委员会也提出了支持和促进"一区(武陵山区)九族(人口在10万人以上、50万人以下的9个少数民族)"的发展战略。2010年在国家新一轮西部大开发战略中武陵山区被确定为6个重点发展区域之一;"十四五"期间,湘鄂渝黔四省市政协形成"恩施共识",推动创建武陵山区国家乡村振兴试验区,引领片区乡村振兴。

生物多样性是人类赖以生存的基本条件,是经济社会可持续发展的基础,是生态安全和粮食安全的保障。武陵山区属于自然环境、经济及社会发展同一性较强的相对完整和独立的地理单元,是世界自然基金会确定的全球200个最具国际意义的生态区之一,也是我国35个生物多样性保护的关键区域之一。

武陵山区素有"华中药库"之称,是我国亚热带森林系统的核心区,也是长江流域重要的水源涵养区与生态屏障,生物多样性极其丰富,该区域仅国家级自然保护区就有23个(表2),密度之高全国罕见。目前对武陵山区生物多样性比较全面的统计数据来源于1988～1990年中国科学院组织的原武陵山区动植物资源调查,其调查结果显示:①武陵山区共有维管植物217科1039属3807种,其中蕨类植物44科111属586种,裸子植物6科17属29种,被子植物154科822属2982种,另有引种栽培植物13科210种;②共鉴定脊椎动物和无脊椎动物5000余种,其中包括1个新科、多个新属和约280个新种。武陵山区是物种资源和遗传资源的天然宝库。该区是我国第三纪古老植物的孑遗分布中心之一,保留有许多古老的孑遗植物,如珙桐、银杉、水杉、香果树等。武陵山区的动物种数约占全国动物总种数的2/3以上,而且相当一部分土著种为我国主要经济动物或珍稀濒危动物,经济价值和学术价值重大。武陵山区的生物多样性的丰富程度可窥一斑。

武陵山区的生物多样性极其丰富,但是人类经济活动的深入、现代旅游的开发等,不可避免地造成了该地区自然环境的诸多破坏,导致许多珍稀物种濒临着灭绝的危险。此外,由于武陵山区的经济落后、交通不便,历史上该地区的生物资源调查很不完善。对武陵山区较为全面系统的综合科学考察是"七五"期间1987～1989年中国科学院的综合考察。重提武陵山区生物多样性综合科学考察,是保护地方生物多样性的需要,也是区域内众多国家级自然保护区发展的需要,既可以弥补前期调查工作的不足,又能够协调武陵山区经济快速增

表2 武陵山区内23个国家级自然保护区名录

省份	名称	地理位置	批准时间
湖北省 (7)	1.湖北五峰后河国家级自然保护区	五峰土家族自治县	2000年
	2.湖北星斗山国家级自然保护区	利川市、咸丰县、恩施市	2003年
	3.湖北七姊妹山国家级自然保护区	宣恩县	2008年
	4.湖北咸丰忠建河大鲵国家级自然保护区	咸丰县	2012年
	5.湖北木林子国家级自然保护区	鹤峰县	2012年
	6.湖北巴东金丝猴国家级自然保护区	巴东县	2015年
湖南省 (13)	7.湖北长阳崩尖子国家级自然保护区	长阳土家族自治县	2015年
	8.湖南八大公山国家级自然保护区	桑植县	1986年
	9.湖南壶瓶山国家级自然保护区	石门县	1994年
	10.湖南张家界大鲵国家级自然保护区	张家界市武陵源区	1996年
	11.湖南小溪国家级自然保护区	永顺县	2001年
	12.湖南黄桑国家级自然保护区	绥宁县	2005年
	13.湖南舜皇山国家级自然保护区	新宁县	2006年
	14.湖南乌云界国家级自然保护区	桃源县	2006年
	15.湖南鹰嘴界国家级自然保护区	会同县	2006年
	16.湖南借母溪国家级自然保护区	沅陵县	2008年
	17.湖南六步溪国家级自然保护区	安化县	2009年
	18.湖南高望界国家级自然保护区	古丈县	2011年
	19.湖南白云山国家级自然保护区	保靖县	2013年
	20.湖南金童山国家级自然保护区	城步苗族自治县	2013年
贵州省 (2)	21.贵州梵净山国家级自然保护区	江口县、印江土家族苗族自治县、松桃苗族自治县	1986年
	22.贵州麻阳河国家级自然保护区	沿河土家族自治县、务川仡佬族苗族自治县	2003年
重庆市 (1)	23.重庆金佛山国家级自然保护区	重庆市南川区	2000年

长与生物资源保护及可持续利用之间的矛盾,促进武陵山区生态产业和生态文明的建设。

正是在上述背景前提下,2014年"武陵山区生物多样性综合科学考察"(编号:2014FY110100)通过了科技部基础性工作专项重大项目的审核并得以立项,并于2014年7月成功召开了项目启动会。该项目由中国科学院动物研究所（负责动物多样性综合考察）、中南民族大学（负责植物多样性综合考察）联合主持，中国科学院植物研究所、吉首大学、贵州大学、湖北大学、湖南师范大学、中国科学院水生生物研究所、华中师范大学、中国科学院昆明动物研究所、西南民族大学、怀化学院共 12 个单位参与。该项目于 2014 ~ 2019 年对武陵山区动植物开展了连续 5 年的全面生物多样性野外考察，并对该区域生物多样性资源现状进行了评估。通过武陵山区生物多样性的综合科学考察，获得了武陵山区全面本底的基础数据和大量动植物标本；通过评估当地生物资源的现状和特点，为该地区生物多样性的保护提供了科学依据。通过该项目的实施建立人与自然的和谐关系，为华南以及西南地区生物多样性的保护、生态环境的改善、自然保护区的综合评价及科学管理、优势生物资源的可持续性开发利用和经济稳步发展、当地旅游业的发展等提供了重要依据，并对实现国家"十二五"规划中高效、生态、安全的现代生物资源产业发展具有重要意义。

2023年8月

目　录

1

湖北巴东金丝猴
国家级自然保护区概述

1.1 自然环境

1.1.1 地理位置

湖北巴东金丝猴国家级自然保护区位于湖北省巴东县北部，大巴山东缘，处于中国西部高山向东部低山的过渡区域，东与兴山县接壤，西与重庆市巫山县接壤，北与神农架林区相连，南邻国家5A级神农溪旅游景点。保护区西距重庆市巫山县10km，南距长江15km。地理坐标为东经110°15′51″~110°29′59″，北纬31°11′50″~31°24′40″。行政上涉及两个乡镇的12个行政村。保护区总面积20 909.99hm²，其中核心区9580.38 hm²、缓冲区3009.17hm²、实验区8320.44hm²。

1.1.2 地质地貌

湖北巴东金丝猴国家级自然保护区所处大地构造位置，属扬子准地台上扬子台坪区，地跨大巴山—大洪山台缘褶皱带与鄂中褶断区两个三级构造单元。大部分地区属神农架断穹（四级构造单元）。保护区地层在湖北省地层区划上属扬子准地层区的大巴山—大洪山分区。岩浆岩为元古宇岩浆岩。岩石有辉绿岩和细碧岩。

保护区位于我国地势第二级阶梯的东部边缘，由大巴山脉东延的余脉组成中高山地貌，山脉走向与区域地质构造方向一致，呈近东西方向延伸；地势西南低东北部高，由北向南逐渐降低。区内山势高大，山峦重叠，山坡陡峻，河谷深切，峡谷纵横，绝壁高悬，山峰挺拔，气势雄伟。西北、北部抵大神农架，东与兴山县接壤，南倾斜抵溪丘湾乡平阳坝河岸。区内最高峰小神农架主峰海拔3005m，最低海拔平阳坝河岸240m，相对高差达2765m，异常险峻。

1.1.3 水文

湖北巴东金丝猴国家级自然保护区内水资源充足，温湿多雨，区域内亚高山雨洪区降水量最为丰富，多年平均降水量为1584.5mm。中山向亚高山过渡带的雨洪区，多年平均降水量为1538.1mm。区域内降水一般集中在4~10月，4~10月的降水量占全年降水量的86.8%。保护区多年平均径流深度为1030.5mm，多年平均径流总量为8.20亿m³。天然年径流量随干湿季节和丰枯水年份有较大的变化。在丰水年份，天然年径流量全区可达10.8亿m³，正常年份年径流量为8.20亿m³，枯水年份年径流量为4.50亿m³。保护区多年平均水面蒸发量约800mm，多年平均陆地蒸发量约500mm。

区域内沿渡河全长约60 km，河床宽25 m，流域面积1031.5 km²，最大洪水流量1380 m³/s，最小洪水流量1.6 m³/s。注入沿渡河的河流、溪沟17条，主要有石柱河、三道河、红砂河、罗溪河、平阳河、牛场河等。

1.1.4　气候

湖北巴东金丝猴国家级自然保护区属亚热带季风气候区，为中亚热带气候向暖温带气候过渡区域。但由于受海拔和山脉影响，同一时间内，各地相差较大，季节变化也很明显，其中1月气温最低，7月最高，年平均气温为7.7 ～ 17.7℃；年平均太阳辐射79 ～ 99 kJ/cm²，全年日照总时数为1200 ～ 1650 h，平均每天日照3.4 ～ 4.5 h。低山平坝河谷海拔800 m以下地区无霜期一般为230 ～ 240 d，海拔800 ～ 1200 m地区为200 ～ 230 d，海拔1200 m以上的地区不足200 d。风速普遍较小，年平均风速为1.5 ～ 3.4 m/s。

1.1.5　土壤

湖北巴东金丝猴国家级自然保护区共有10个土纲，20个亚纲，52个土类，235个亚类。地带性土类为黄棕壤、棕壤和暗棕壤。

1.2　历史沿革

湖北巴东金丝猴国家级自然保护区是在巴东县沿渡河金丝猴自然保护小区与湖北神农溪省级自然保护区的基础上合并增添面积而成立的。原金丝猴保护小区于2002年成立，是为保护川金丝猴等珍稀濒危野生动物批建的保护小区。2002年8月，巴东县机构编制委员会批准成立巴东县沿渡河金丝猴自然保护小区管理站，属县林业局管理的事业单位，核定编制2人。2002年，巴东县林业局决定由巴东县葛洲坝库区林业公安派出所与管理站共同开展对保护小区的资源保护管理工作，人员达到5人。至此，保护区有了专门的管理机构，资源保护工作有序开展。保护区成立后，县人民政府高度重视其资源保护工作，发布了《关于加强巴东县沿渡河金丝猴自然保护小区动植物资源管理的通告》，制定了保护小区管理办法；县林业局组织了保护小区勘界工作，并竖立了界碑，在主要路口竖立醒目的宣传牌；为加强对森林病虫害的监测和预防森林火灾的发生，保护小区管理部门与社区群众建立了密切联系，签订了森防工作责任状；结合天然林保护工程和退耕还林还草工程，县林业局组织对小区内的空地进行人工造林，对陡坡地农田进行退耕还林。

从保护小区建立到2008年，新造林及退耕还林3000余亩（1亩≈666.67m²）。随着保护管理工作的开展，保护区内的资源得到明显恢复。为了更有效地保护该地区野生动植物资源及森林生态系统，巴东县人民政府决定向省政府申请，在保护小区的基础上扩大面积，建设省级自然保护区。

2010年6月，湖北省人民政府在《湖北省人民政府关于建立宜昌长阳崩尖子等省级自然保护区的批复》（鄂政函〔2010〕195号）中同意建立"湖北恩施巴东神农溪省级自然保护区"。恩施土家族苗族自治州编发〔2011〕59号文件批准设立湖北神农溪省级自然保护区管理局，为县人民政府管理的正科级事业单位，核定人员编制10人，保护区资源管理工作走上正轨。

2012年10月，在湖北神农溪省级自然保护区的基础上，适当扩大保护区面积，申报成立湖北巴东金丝猴省级自然保护区。为更加科学、高效、高水平地建设保护区，巴东县人民政府向湖北省人民政府提出将湖北巴东金丝猴省级自然保护区晋升为国家级自然保护区的请示。2014年12月，湖北巴东金丝猴自然保护区通过了国家级自然保护区评审委员会的评审。2016年5月，经国务院审定，《国务院办公厅关于公布辽宁楼子山等18处新建国家级自然保护区名单的通知》（国办发〔2016〕33号）下发，湖北巴东金丝猴自然保护区被列为国家级自然保护区。

1.3 生物多样性

湖北巴东金丝猴国家级自然保护区位于长江流域腹地，同时是大巴山脉与武陵山脉过渡带，生物多样性颇为丰富，保护区内保存有大面积原始森林，分布着众多珍稀物种，保护价值极大。近年来野外考察的结果显示，保护区现有维管植物183科827属2308种，占湖北省维管植物总种数的38.15%，其中蕨类植物26科60属228种、裸子植物5科15属25种、被子植物152科752属2055种。保护区已记录到国家一级重点保护野生植物4种，国家二级重点保护野生植物29种；保护区内有濒危植物水杉和独花兰，易危植物篦子三尖杉和秦岭冷杉，以及近危植物香果树。

保护区内共有国家一级重点保护野生动物川金丝猴、林麝、梅花鹿、金钱豹、金雕、白肩雕、白冠长尾雉7种，国家二级重点保护野生动物黑熊、豹猫、黄喉貂、毛冠鹿、鬣羚、中华斑羚等50余种。保护区内鸟类资源十分丰富，目前记录到雀形目、隼形目、鹃形目、鸡形目等14目野生鸟类达235种，其中有国家二级重点保护野生鸟类红腹锦鸡、红腹角雉、勺鸡、黑冠鹃隼、松雀鹰、黄腿渔鸮、领鸺鹠、斑头鸺鹠等。

湖北巴东金丝猴国家级自然保护区具有典型的亚高山生态系统，是川金丝猴、林麝等珍稀濒危野生动物赖以生存的栖息环境，也是我国川金丝猴分布的东界，保护区北连神农架国家公园，东接兴山万朝山省级自然保护区，已成为华中地区川金丝猴的重要栖息繁衍地之一。依据多年持续追踪监测数据，目前保护区内川金丝猴种群规模不少于800只，有3~5个猴群，至少有2个猴群数量超过300只。随着自然保护力度的加大，保护区内的川金丝猴种群正在不断壮大，活动范围也日益扩大。

1.4 植物区系

1.4.1 区系特征

我国15个分布区类型在湖北巴东金丝猴国家级自然保护区内都有代表性分布，各种地理成分相互渗透，充分显示了保护区植物区系成分的复杂性，该区域是湖北植物区系较丰富的地区之一，保护区全貌及主要植物区系见图1-1、图1-2。

由于纬度跨度较小，保护区的植被水平分布差别不大，反映不出地带性的变化。垂直分布的差异是明显的，但垂直分布界线并不十分显著。

保护区所处纬度偏南，又位于我国中亚热带过渡到暖温带的区域，因而植物区系成分不仅具有亚热带西部、东部地区成分，而且兼有温带和热带成分，所以，湖北巴东金丝猴国家级自然保护区成为西南、华中、华南、华北、西北等植物区系成分汇合的地区，有着多元化的植被区系成分。在保护区中，分布着许多第三纪孑遗植物，它们幸免于第四纪冰川的袭击，成为地质历史上曾广布于大陆，而今只在极少数地方尚存的珍稀物种，如鹅掌楸（*Liriodendron chinense*）、连香树（*Cercidiphyllum japonicum*）、青钱柳（*Cyclocarya paliurus*）、珙桐（*Davidia involucrata*）、金钱槭（*Dipteronia sinensis*）、水青树（*Tetracentron sinense*）等，这些活化石储存着千万年前珍贵的遗传资料。

保护区内中国特有植物繁多，其中以巴东命名的植物有巴东木莲（*Manglietia patungensis*）、巴东栎（*Quercus engleriana*）、淡红忍冬（*Lonicera acuminata*，也称巴东忍冬）、巴东小檗（*Berberis veitchii*）、巴东紫堇（*Corydalis hemsleyana*）、巴东醉鱼草（*Buddleja albiflora*）、巴东吊灯花（*Ceropegia driophila*）、巴东荚蒾（*Viburnum henryi*）、巴东过路黄（*Lysimachia patungensis*）等23种。

由于保护区所处的地理位置和气候特点，在种子植物中，温带性质的属高达441个，占保护区种子植物总属数的53.32%；热带性质的属有231个，占保护区种子植物总属数的27.93%，中国特有属有41个，占保护区种子植物总属数的4.96%。植物区系以温带性质为主，具有亚热带向暖温带过渡的特点。

保护区现已记录到《国家重点保护野生植物名录》（2021年）确定的保护植物33种，其中，国家一级重点保护野生植物4种，即珙桐（*Davidia involucrata*）、红豆杉（*Taxus wallichiana* var. *chinensis*）、南方红豆杉（*Taxus wallichiana* var. *mairei*）、水杉（*Metasequoia glyptostroboides*），国家二级重点保护野生植物29种，主要有篦子三尖杉（*Cephalotaxus oliveri*）、连香树（*Cercidiphyllum japonicum*）、鹅掌楸（*Liriodendron chinense*）、水青树（*Tetracentron sinense*）、香果树（*Emmenopterys henryi*）等。

图 1-1　湖北巴东金丝猴国家级自然保护区山体

（a）溪流生境　　　　　　　　　　　　（b）岩壁脆弱生境

图 1-2　湖北巴东金丝猴国家级自然保护区生境

图1-3　落叶阔叶林

图1-4　常绿落叶阔叶混交林

图 1-5　摩天岭高山草甸

1.4.2　自然植被

根据中国植被的分类原则、依据、等级系统及单位，湖北巴东金丝猴国家级自然保护区内自然植被共分为5个植被型组、10个植被型、37个群系（图1-3～图1-5）。

保护区自然植被分类系统如下。

1. 针叶林

　　(1)温性常绿针叶林

　　华山松林（Form. *Pinus armandii*）

　　铁杉林（Form. *Tsuga chinensis*）

　　(2)寒温性常绿针叶林

　　巴山冷杉林（Form. *Abies fargesii*）

　　巴山松林（Form. *Pinus henryi*）

　　(3)暖性常绿针叶林

　　杉木林（Form. *Cunninghamia lanceolata*）

　　马尾松林（Form. *Pinus massoniana*）

⑷山地针阔叶混交林

巴山冷杉、红桦林 (Form. *Abies fargesii + Betula albosinensis*)

2. 阔叶林

⑴常绿阔叶林

青冈栎林 (Form. *Cyclobalanopsis glauca*)

竹叶楠、多脉青冈林 (Form. *Phoebe faberi + Cyclobalanopsis multinervis*)

匙叶栎林 (Form. *Quercus spathulata*)

巴东栎、曼青冈林 (Form. *Quercus engleriana + Cyclobalanopsis oxydon*)

水丝梨林 (Form. *Sycopsis sinensis*)

楠木栲栎林 (Form. *Machilus, Phoebe, Castnopsis, Quercus*)

刺叶栎林 (Form. *Quercus spinosa*)

岩栎林 (Form. *Quercus acrodonta*)

⑵常绿落叶阔叶混交林

化香树、曼青冈林 (Form. *Platycarya strobilacea + Cyclobalanopsis oxydon*)

⑶落叶阔叶林

米心水青冈林 (Form. *Fagus engleriana*)

台湾水青冈林 (Form. *Fagus pashanica*)

红桦林 (Form. *Betula albosinensis*)

连香树林 (Form. *Cercidiphyllum japonicum*)

短柄枹栎林 (Form. *Quercus serrata* var. *brevipetiolata*)

山杨林 (Form. *Populus davidiana*)

水青树林 (Form. *Tetracentron sinense*)

野漆树林 (Form. *Toxicodendron verniciflum*)

锐齿槲栎林 (Form. *Quercus aliena* var. *acuteserrata*)

野核桃林 (Form. *Juglans cathayensis*)

以化香树为主的杂木林 (Form. *Platycarya strobilacea*)

栓皮栎林 (Form. *Quercus variabilis*)

3. 竹林

箭竹林（Form. *Sinarundinaria nitida*）

毛金竹林（Form. *Phyllostachys nigra* var. *henonis*）

拐棍竹林（Form. *Fargesia spathacea*）

4. 灌丛及灌草丛

粉红杜鹃灌丛（Form. *Rhododendron fargesii*）

毛黄栌灌丛（Form. *Cotinus coggygria* var. *pubescebs*）

香柏灌丛（Form. *Sabina squamata* var. *wilsonii*）

腊梅灌丛（Form. *Chimonanthus praecox*）

马桑灌丛（Form. *Coriaria nepalensis*）

5. 草甸及草丛

长穗三毛草草甸（Form. *Trisetum clarkei*）

1.5 旅 游 资 源

湖北巴东金丝猴国家级自然保护区位于沿渡河镇和溪丘湾乡境内，紧邻神农架国家公园，境内珍稀动植物遍布，有"大自然的博物馆"等美誉。其间沟壑纵横，地貌复杂，是众多古老孑遗、珍稀濒危和特有生物的栖息地，是野生动物的乐园、全球性生物多样性王国、第四纪冰期野生动植物的避难所。保护区旅游资源丰富，山川秀丽，风光如画，以生物多样性丰富、森林生态系统完整和森林植被典型而取胜，能够满足人们探索自然、了解自然、返璞归真的需求。

保护区属亚热带季风性气候区，由于海拔较高，雾重湿大，冬夏相等，春秋平分。高山气候具有明显的垂直差异性和立体多变性，随着海拔的差别而呈现某些规律性变化。神秘的原始森林保护区内分布着大面积的以针叶林和针阔叶混交林为主的原始森林，林内树木参天，枝繁叶茂，遮天蔽日。苍劲挺拔的参天大树被藤本植物缠绕，地上盘根错节，倒木横生，绿苔密布（图1-6）。原始森林内树高可达30 m，胸径多为30 cm以上，地上覆盖着厚厚的枯枝落叶，老死腐朽树干散布其间。保护区的原始森林中野生动植物种类繁多，箭竹为中国特有种，保护区内海拔较高的山脊分布有箭竹林。登高远眺，如海的竹林随风起伏，波翻浪涌。走进竹林，你会发现，一杆杆秀竹几乎靠在一起，一排排、一丛丛、一列列，如墙似阵。风过处，竹枝竹叶相互摩擦，"沙沙"声不绝于耳。

山岭间、绝壁悬崖上，到处是杜鹃的身影，此处杜鹃株高可达 2 ~ 4 m，花色有红、黄、紫、白多种，它与冷杉为伴，以竹海为邻，将保护区的万顷林海装点得分外妖娆。每年 4 ~ 6 月，各种杜鹃相继开放，保护区变成了一片花的海洋。

漫步保护区内，藤本植物无处不在，森林里、山崖上、沟壑中、绝壁上，攀、爬、附、绕、缠、挂、伏、架，姿态万千。在原始森林中，随处可见藤本植物从树根一直缠上树冠，似蟒如蛇。

由于湖北巴东金丝猴国家级自然保护区地处纬度偏南，又是我国中亚热带过渡到暖温带的区域，因而组成植被的植物区系成分不仅具有亚热带西部和东部地区成分，而且兼有温带和热带成分。所以，湖北巴东金丝猴国家级自然保护区成为西南、华中、华南、华北、西北等植物区系成分汇合的地区，有着丰富多彩的植被区系成分。保护区山大人稀，植物种类十分丰富，原始植被保存较为完整。据不完全统计，古老、珍稀、濒危树种有 100 种以上，其中珙桐、秦岭冷杉、篦子三尖杉、连香树等 33 种为国家珍稀濒危保护植物。神农香菊、野生原始蜡梅林成片达万余亩，为世之罕见。

这里更是一个天然的野生动物王国，国家一级重点保护野生动物有川金丝猴、林麝、金钱豹、金雕等 7 种，国家二级重点保护野生动物有黑熊等 50 多种，被中外学者誉为"大自然的博物馆"。保护区内鸟类资源十分丰富，目前记录到雀形目、隼形目、鹃形目、鸡形目等 14 目野生鸟类达 235 种，其中国家重点保护野生鸟类 45 种。国家一级重点保护野生鸟类有金雕、白肩雕、白冠长尾雉，国家二级重点保护野生鸟类有红腹锦鸡、红腹角雉、黑冠鹃隼等。湖北省重点保护野生鸟类有红嘴相思鸟、画眉、蓝喉太阳鸟等 20 多种。保护区因此被湖北省野生动植物保护协会授予"湖北省观鸟基地"称号。

由于湖北巴东金丝猴国家级自然保护区地形起伏较大，溪流很多，故可见许多溪流飞瀑（图 1-7），如瓦缸溪、窑坪瀑布和钻洞沟瀑布等。瓦缸溪源头为一个巨大的圆形洞穴，口平且光滑，形似瓦缸，故得名瓦缸溪。窑坪瀑布呈"Y"形，高约 8m，宽约 2m。钻洞沟瀑布是保护区较大的瀑布之一，瀑布下有约 50m² 的水潭，远看如白练悬挂，近看则飘入水潭，沁人心脾。虽然旅游区内的河流瀑布规模一般较小，没有大川壮瀑的气势，却是小神农架精巧灵秀的神韵魅力所在。

保护区内还有较大面积的喀斯特地貌，石柱、石崖、峭壁、奇石林立，喀斯特地貌与高山草甸、森林相伴，增添了几分秀美，具有较高的审美价值。

　　总之，湖北巴东金丝猴国家级自然保护区凭借其独特的区位优势、区内与周边地区丰富的旅游资源、多彩的民族风情，依托西部大开发的良好外部环境，生态旅游有着巨大的发展潜力。

图1-6　保护区内原始森林

图1-7　保护区生境

1.6 科考历史

　　保护区原始植被保存较为完整，物种丰富，由于一直交通闭塞，针对保护区的研究报道较少。20世纪90年代，华中师范大学生命科学学院张铭、杨其仁、何定富等多名学者对保护区内川金丝猴情况进行了追踪。21世纪初，中国林业科学研究院苏化龙、马强、林英华等多名专家对保护区川金丝猴、寿带等动物种群进行了深入调查。2006~2007年国家林业局调查规划设计院（现国家林业和草原局林草调查规划院）、中国科学院武汉植物园专家联合对保护区的自然地理环境、植物资源、动物资源等进行了综合考察，重点对川金丝猴种群资源进行了调查，据野外数据统计，分布于保护区内的川金丝猴数量在800只左右，且活动范围有南移的趋势；2008~2012年，保护区巡护人员发现川金丝猴活动范围从大干河、天生垭向南扩展到溪丘湾乡小龙一带，活动范围大幅度增加；2012~2013年，国家林业和草原局林草调查规划院与北京林业大学自然保护区学院联合对面积扩充后的保护区进行了综合科学考察，发现川金丝猴种群规模维持较好，猴群有3~5个，其中至少有两个猴群数量超过300只，长期活动在保护区内的川金丝猴有800只以上；2015~2022年，中南民族大学生命科学学院连续对保护区内野生动植物资源开展了多项补充调查（图1-8~图1-10），并针对珍稀濒危野生动植物资源进行了系统性调查，进一步摸清了保护区动植物资源现状。

　　自保护区成立以来，先后有中国林业科学研究院、中国科学院武汉植物园、中国科学院成都生物研究所、北京大学、北京师范大学、中国地质大学、华中农业大学、华中师范大学、长江大学、中南民族大学、北京林业大学、国家林业和草原局林草调查规划院等高校和科研院所的专家学者相继对保护区进行科学研究活动，初步厘清了保护区的重要动植物种类状况。

图1-8　中南民族大学湖北巴东金丝猴国家级自然保护区野外科考剪影（一）

图1-9　中南民族大学湖北巴东金丝猴国家级自然保护区野外科考剪影（二）

图1-10 中南民族大学湖北巴东金丝猴国家级自然保护区野外科考剪影（三）

2

石松类和蕨类植物

石松科 (Lycopodiaceae)

石杉属 (*Huperzia*)

蛇足石杉 *Huperzia serrata*

形态特征: 多年生土生植物。茎直立或斜生, 枝连叶宽1.5~4cm, 二至四回二叉分枝, 枝上部常有芽。叶螺旋状排列, 疏生, 平伸, 窄椭圆形, 向基部明显变窄, 通直, 基部楔形, 下延有柄, 先端尖或渐尖, 边缘平直, 有粗大或略小而不整齐尖齿, 两面光滑, 有光泽, 中脉突出, 薄革质。孢子囊肾形, 黄色。

生境: 生于林下、灌丛下、路旁。

分布: 分布于保护区海拔300~2700m。

石松科 (Lycopodiaceae) 石松属 (*Lycopodium*)

石松 *Lycopodium japonicum*

形态特征： 多回二叉分枝，稀疏，压扁状。叶螺旋状排列，密集，上斜，披针形或线状披针形，具透明发丝，边缘全缘，草质，中脉不明显。孢子囊穗集生于总柄，总柄上苞片螺旋状稀疏着生，薄草质，形状如叶片；孢子囊穗不等位着生，直立，圆柱形；孢子叶阔卵形，边缘膜质，啮蚀状，纸质；孢子囊肾圆形，黄色。

生境： 生于林下、灌丛下、草坡、路边或岩石上。

分布： 分布于保护区海拔300~2600m。

石松科 (Lycopodiaceae)　　　　　　石松属 (*Lycopodium*)

玉柏　*Lycopodium obscurum*

形态特征：多年生土生植物。匍匐茎地下生，细长横走，棕黄色，光滑或被少量的叶；侧枝斜升或直立，单干。叶螺旋状排列，稍疏，斜立或近平伸，无柄，先端渐尖，具短尖头，边缘全缘，中脉略明显，革质。孢子囊穗单生于小枝，直立，圆柱形，无柄；孢子叶阔卵状，边缘膜质，具啮蚀状齿，纸质；孢子囊肾圆形，黄色。

生境：生于山坡草地、灌木林下。

分布：分布于保护区海拔1100~1800m。

卷柏科（Selaginellaceae） 卷柏属（Selaginella）

小卷柏 *Selaginella helvetica*

形态特征： 根托沿匍匐茎和枝断续生长，自茎分叉处下方生出，纤细，根少分叉，无毛。直立茎分枝，禾秆色，具沟槽，无毛。叶交互排列，二型，光滑，非全缘，无白边。分枝的腋叶近对称，卵状披针形或椭圆形，边缘睫毛状。大孢子橙色或橘黄色，小孢子橘红色；孢子叶穗疏散，或上部紧密，圆柱形。

生境： 生于林中阴湿石壁或石缝中。

分布： 分布于保护区海拔300~3005m。

卷柏科 (Selaginellaceae)　　　　　　　　　　卷柏属 (*Selaginella*)

异穗卷柏 *Selaginella heterostachys*

形态特征: 根托沿匍匐茎断续着生直立茎下部。茎羽状分枝, 禾秆色, 圆柱状, 具沟槽, 无毛。叶交互排列、二型、草质、光滑、非全缘。茎的腋叶较分枝的大, 卵圆形、近心形; 分枝上的腋叶对称, 卵形或长圆形, 有细齿; 中叶不对称, 卵形或卵状披针形, 具微齿; 侧叶不对称。大孢子橘黄色, 小孢子橘黄色; 孢子叶穗紧密, 单生于小枝末端。

生境: 生于林下岩石上。

分布: 分布于保护区海拔240~1900 m。

卷柏科（Selaginellaceae）　　　　　　　　　　　　　　　卷柏属（*Selaginella*）

兖州卷柏　*Selaginella involvens*

形态特征： 根托生于匍匐根状茎和游走茎，纤细，根少分叉，被毛。主茎自中部向上羽状分枝，无关节，禾秆色，圆柱状，无毛。叶交互排列，二型，纸质或较厚，光滑，非全缘；侧叶不对称，大、小孢子叶相间排列，或大孢子叶位于中部的下侧。大孢子白色或褐色，小孢子橘黄色；孢子叶穗紧密，四棱柱形，单生于小枝末端。

生境： 生于岩石上，偶在林中附生于树干上。

分布： 分布于保护区海拔450～3005m。

卷柏科 (Selaginellaceae)　　　　　　　　　　　卷柏属 (*Selaginella*)

耳基卷柏　*Selaginella limbata*

形态特征：土生。匍匐，分枝斜升。根托在主茎断续着生，纤细，多分叉，光滑。主茎分枝，禾秆色，近四棱柱形或具沟槽，无毛。叶交互排列，二型，相对肉质，较硬，光滑，全缘，主茎的叶略大于分枝的，一型，绿色或黄色，长圆形，全缘；主茎的腋叶大于分枝的，近圆形或近心形。大孢子深褐色，小孢子浅黄色。

生境：生于林下或山坡阳面。

分布：分布于保护区海拔 500~950 m。

卷柏科（Selaginellaceae）　　　　　　　　　　　　　　　卷柏属（*Selaginella*）

江南卷柏　*Selaginella moellendorffii*

形态特征： 土生或石生。具横走地下根状茎和游走茎，着生鳞片状淡绿色的叶。主茎中上部羽状分枝，无关节，禾秆色或红色，茎圆柱状，无毛。叶交互排列，二型，草质或纸质，光滑，具白边；主茎的叶较疏、一型、绿色、黄色或红色，三角形，鞘状或紧贴，边缘有细齿；主茎腋叶卵形或宽卵形，有细齿。大孢子浅黄色，小孢子橘黄色。

生境： 生于岩石缝中。

分布： 分布于保护区海拔 256~1500 m。

卷柏科 (Selaginellaceae)　　　　　　　　　　　　卷柏属 (*Selaginella*)

疏叶卷柏　*Selaginella remotifolia*

形态特征：根托沿匍匐茎和枝断续生长。主茎近基部分枝，具关节，禾秆色，茎卵圆柱状或圆柱状，具沟槽，无毛。叶交互排列，草质，光滑，近全缘，无白边；主茎的叶疏生，二型，绿色，具微齿或近全缘；主茎的腋叶卵形或宽卵形，渐窄，分枝的腋叶对称，卵状披针形或椭圆形，具微齿。大孢子灰白色，小孢子淡黄色。

生境：生于林下。

分布：分布于保护区海拔350~3000 m。

卷柏科 (Selaginellaceae)　　　　　　　　　　　卷柏属 (*Selaginella*)

卷柏　*Selaginella tamariscina*

形态特征： 土生或石生。根托生于茎基部。主茎无关节，禾秆色或棕色，茎卵状圆柱形，无沟槽，光滑。叶交互排列，二型，叶质厚，光滑，边缘具白边；分枝的腋叶对称，卵形、卵状三角形或椭圆形，边缘有细齿，黑褐色。孢子叶穗紧密，四棱柱形；孢子叶一型，卵状三角形，边缘有细齿，具白边；大孢子浅黄色，小孢子橘黄色。

生境： 常见于石灰岩上。

分布： 分布于保护区海拔600~2100 m。

卷柏科 (Selaginellaceae)　　　　　　　　　　卷柏属 (*Selaginella*)

翠云草　*Selaginella uncinata*

　　形态特征：土生。主茎先直立后攀缘状，无横走地下茎。主茎近基部羽状分枝，禾秆色，茎圆柱状，具沟槽，无毛。叶交互排列、二型、草质、光滑，具虹彩，全缘，具白边。孢子叶穗紧密，四棱柱形，单生于小枝末端；孢子叶一型，卵状三角形，边缘全缘，具白边，龙骨状；大孢子灰白色或暗褐色，小孢子淡黄色。

　　生境：生于林下。

　　分布：分布于保护区海拔 300~1200m。

木贼科 (Equisetaceae)   木贼属 (*Equisetum*)

笔管草 *Equisetum ramosissimum* subsp. *debile*

　　形态特征： 大中型植物。根状茎直立和横走，黑棕色，节和根密生黄棕色长毛或光滑无毛。枝一型，主枝有脊10～20条，脊的背部弧形；鞘筒短，下部绿色，顶部略为黑棕色；鞘齿10～22个，狭三角形，齿上气孔带明显或不明显。侧枝较硬，圆柱状，有脊8～12条，脊上有小瘤或横纹；鞘齿6～10个，披针形，淡棕色。

　　生境： 生长于林下低洼、山坡上。

　　分布： 分布于保护区海拔300～2100m。

瓶尔小草科 (Ophioglossaceae)　　　　　　　小阴地蕨属 (*Botrychium*)

蕨萁　*Botrychium virginianum*

形态特征: 根状茎短而直立, 有一簇不分枝的粗健肉质的长根。总叶柄多汁, 草质, 干后扁平, 几光滑无毛。不育叶片为阔三角形, 顶端为短尖头, 三回羽状, 基部下方为四回羽裂; 侧生羽片对生或近于对生, 基部一对最大, 张开或几水平开展, 长卵形, 一回小羽片有短柄, 近于对生。

生境: 生于山地林下。

分布: 分布于保护区海拔1600~2600m。

紫萁科 (Osmundaceae)　　　　　　　　　　　　　紫萁属 (*Osmunda*)

紫萁 *Osmunda japonica*

形态特征： 根状茎粗短，或稍弯短树干状。叶簇生，直立；叶柄禾秆色，幼时密被绒毛，全脱落；叶片三角状宽卵形，顶部一回羽状，其下二回羽状；羽片对生，长圆形，斜上，奇数羽状 小羽片对生或近对生，无柄，分离，长圆形或长圆状披针形，具细锯齿；叶脉两面明显。孢子囊密生于小脉。

生境： 生长于林下或溪边酸性土上。

分布： 分布于保护区海拔 600~1100m。

膜蕨科 (Hymenophyllaceae)

膜蕨属 (*Hymenophyllum*)

华东膜蕨 *Hymenophyllum barbatum*

形态特征: 植株高2~3cm。根状茎丝状, 长而横走, 暗褐色, 疏生淡褐色柔毛或几光滑, 下面疏生纤维状根。叶疏生; 叶柄丝状, 暗褐色, 疏生淡褐色柔毛; 叶片卵形, 薄膜质, 干后淡褐色或鲜绿色; 羽片长圆形; 叶脉叉状分枝, 暗褐色, 两面隆起; 叶轴暗褐色。孢子囊圆形至阔卵形。

生境: 生于林下阴暗岩石上。

分布: 分布于保护区海拔800~1000 m。

膜蕨科（Hymenophyllaceae）　　　　　　　　　　膜蕨属（Hymenophyllum）

华东膜蕨　*Hymenophyllum barbatum*

里白科 (Gleicheniaceae)　　　　　　　　芒萁属 (*Dicranopteris*)

芒萁　*Dicranopteris pedata*

形态特征：根状茎长而横走，密被暗锈色长毛。叶疏生；叶柄棕禾秆色，基部以上无毛；一回羽轴被暗锈色毛；腋芽卵形，被锈黄色毛，芽苞卵形，边缘具不规则裂片或粗齿牙，全缘；各回分叉处托叶状羽片平展，宽披针形；末回羽片披针形或宽披针形，顶端尾状，基部上侧窄。孢子囊群圆形。

生境：生于疏林下、火烧迹地上，成密不可入的居群。

分布：分布于保护区海拔2400~2600m。

里白科 (Gleicheniaceae)　　　　　　　　　　里白属 (*Diplopterygium*)

里白　*Diplopterygium glaucum*

形态特征： 植株高约 1.5 m。根状茎横走，被鳞片；叶柄光滑，暗棕色；一回羽片对生，具短柄，长圆形；小羽片近对生或互生，线状披针形，羽状深裂；中脉上面平，下面凸起，侧脉两面可见，叉状分枝，直达叶缘；叶草质，上面绿色，无毛，下面灰白色，被锈色短星状毛，后变无毛。孢子囊群圆形。

生境： 生于林下阴湿处。

分布： 分布于保护区海拔 1100~1300 m。

海金沙科 (Lygodiaceae)　　　　　　　　　　　海金沙属 (*Lygodium*)

海金沙 *Lygodium japonicum*

形态特征: 攀缘植株。叶轴具窄边, 羽片多数, 对生于叶轴短距两侧; 不育羽片尖三角形, 二回羽状, 叶干后褐色, 纸质。孢子囊穗长2~4 mm, 长度过小羽片中央不育部分, 排列稀疏, 暗褐色, 无毛。

生境: 生于灌木丛中。

分布: 分布于保护区海拔240~300 m。

瘤足蕨科 (Plagiogyriaceae)　　　　　　　　　　　瘤足蕨属 (*Plagiogyria*)

华中瘤足蕨　*Plagiogyria euphlebia*

形态特征： 根状茎形成粗肥的圆柱状的主轴。叶轴下面半圆形，羽片下部有短柄，不反折，或最基部 1 对稍短；中部羽片具短柄或无柄，基部平截或圆；叶脉稀疏，略斜上，单一或二叉，直达叶边，两面明显隆起。叶纸质，光滑，干后为褐绿色或棕绿色。

生境： 生于山地林下。

分布： 分布于保护区海拔 500~1200 m。

鳞始蕨科 (Lindsaeaceae)　　　　　　　　　　乌蕨属 (*Odontosoria*)

乌蕨 *Odontosoria chinensis*

形态特征: 根状茎短而横走, 粗壮, 密被赤褐色的钻状鳞片。叶近生; 叶柄禾秆色至褐禾秆色, 有光泽; 叶片披针形, 四回羽状, 坚草质, 干后棕褐色, 通体光滑; 叶脉上面不显, 下面明显, 在小裂片上为二叉分枝。孢子囊群边缘着生; 囊群盖灰棕色, 革质, 近全缘或多少啮蚀状, 宿存。

生境: 生于林下或灌丛中阴湿地。

分布: 分布于保护区海拔200~1900 m。

碗蕨科（Dennstaedtiaceae）　　　　　　　　　　碗蕨属（*Dennstaedtia*）

溪洞碗蕨 *Dennstaedtia wilfordii*

形态特征：根状茎细长横走，黑色，疏被棕色节状毛。叶疏生或近生；叶柄基部黑褐色，被与根状茎同样的长毛，向上红棕色或淡禾秆色，无毛，有光泽；叶片长圆状披针形，二至三羽状深裂；羽片卵状宽披针形或披针形，羽柄互生，斜上；中脉不显，侧脉纤细。囊群盖半盅形，淡绿色。

生境：生于山地林下，林缘荒地，溪边石缝或乱石堆中。

分　布：分布于保护区海拔600～900 m。

碗蕨

碗蕨科 (Dennstaedtiaceae)　　　　　　　　　　　　　蕨属 (*Pteridium*)

蕨　*Pteridium aquilinum* var. *latiusculum*

形态特征: 植株高可达1m。根状茎长而横走,密被锈黄色柔毛,以后逐渐脱落。叶远生;叶柄褐棕色或棕禾秆色,略有光泽,光滑,上面有浅纵沟1条;叶片阔三角形或长圆三角形,先端渐尖,基部圆楔形,三回羽状;羽片4~6对,对生或近对生,斜展,二回羽状;小羽片约10对,互生,斜展,披针形,一回羽状;裂片10~15对,平展,彼此接近,长圆形,全缘。叶轴及羽轴均光滑,小羽轴上面光滑,下面被疏毛,少有密毛,各回羽轴上面均有深纵沟1条,沟内无毛。

生境: 生于山地阳坡及森林边缘阳光充足的地方。

分布: 分布于保护区海拔300~800m。

碗蕨科 (Dennstaedtiaceae)　　　　　　　　　　　　　　　鳞盖蕨属 (*Microlepia*)

边缘鳞盖蕨　*Microlepia marginata*

形态特征: 植株高0.6~1m。根状茎长而横走,密被锈色长柔毛。叶疏生;叶柄深禾秆色;叶片长圆状三角形,一回羽状深裂,长与叶柄近相等,纸质,干后绿色,叶下面灰绿色。孢子囊群圆形,向边缘着生;囊群盖杯形,长宽几相等,上边平截,棕色,坚实,距叶缘较远。

生境: 生于林下或溪边。

分布: 分布于保护区海拔300~1500m。

凤尾蕨科 (Pteridaceae) 铁线蕨属 (*Adiantum*)

铁线蕨 *Adiantum capillus-venerist*

形态特征: 多年生。根状茎横走。叶薄草质;叶柄栗黑色,仅基部有鳞片;叶片卵状三角形,中部以下二回羽状;小羽片斜扇形或斜方形,外缘浅裂至深裂,裂片狭,不育裂片顶端钝圆并有细锯齿;叶脉扇状分叉。孢子囊群生于由变质裂片顶部反折的囊群盖下面;囊群盖肾圆形至矩圆形,全缘。

生境: 常生于流水溪旁石灰岩上或石灰岩洞底和滴水岩壁上。

分布: 分布于保护区内海拔300~2800m。

凤尾蕨科（Pteridaceae）　　　　　　　　　　　铁线蕨属（*Adiantum*）

肾盖铁线蕨　*Adiantum erythrochlamys*

形态特征： 根状茎短而横走或斜升，密被鳞片。叶簇生或近生；叶柄栗色，有光泽；叶片披针状长三角形，羽片长卵形，具柄；末回小羽片窄扇形或倒卵形，不育小羽片的上缘圆，有波状圆齿；能育小羽片两侧具波状圆齿，全缘，具短柄；叶脉明显；叶干后草质，黄绿色或褐绿色，两面无毛。囊群盖圆形或肾圆形，褐色，近革质，全缘，宿存。

生境： 生于林下溪旁岩石上或石缝中。

分布： 分布于保护区海拔600~3005 m。

凤尾蕨科 (Pteridaceae)　　　　　　　　　铁线蕨属 (*Adiantum*)

单盖铁线蕨　*Adiantum monochlamys*

　　形态特征: 植株高25~55cm。根状茎长而横走，密被栗黑色、有光泽的狭长披针形鳞片。叶近生或散生；叶片狭长卵状三角形，基部阔楔形，顶端一回羽状，其下为三回羽状；羽片互生，斜向上；叶脉多回二歧分叉，两面均明显。叶干后草质，下面灰绿色，两面均无毛。囊群盖肾形，上缘呈深缺刻状、薄纸质、红褐色，全缘或呈微波状，宿存。

　　生境: 生于山地林下。

　　分布: 分布于保护区海拔500~800m。

凤尾蕨科（Pteridaceae）   铁线蕨属（*Adiantum*）

灰背铁线蕨 *Adiantum myriosorum*

形态特征： 植株高40~60cm。根状茎直立或横卧，被褐棕色阔披针形鳞片。叶簇生或近生；叶下面为明显灰白色，小羽片排列紧密，长三角形，上缘浅裂，叶干后草质，草绿色，下面带灰白色，两面均无毛；叶轴、各回羽轴和小羽片均为栗红色，有光泽，光滑。

生境： 生于林下沟旁。

分布： 分布于保护区内海拔350~3005m。

凤尾蕨科 (Pteridaceae)　　　　　　　　铁线蕨属 (*Adiantum*)

肾叶铁线蕨　*Adiantum reniforme*

形态特征： 根状茎短而直立，先端密被棕色披针形鳞片和多细胞的细长柔毛。叶簇生，单叶；叶片圆形或肾圆形；叶脉由基向四周辐射，多回二歧分枝，两面可见。叶干后草绿色，天然枯死呈褐色，纸质或坚纸质。囊群盖圆形或近长方形，褐色，膜质，宿存。

生境： 生于覆有薄土的岩石上及石缝中。

分布： 分布于保护区内海拔 350~500 m。

凤尾蕨科 (Pteridaceae)　　　　　　　　　凤了蕨属 (*Coniogramme*)

峨眉凤了蕨　*Coniogramme emeiensis*

形态特征： 植株高可达 1m。根状茎粗短，横卧，被深棕色披针形鳞片。叶柄禾秆色或下面饰有红紫色，基部被鳞片；叶片阔卵状长圆形，二回羽状；侧生小羽片披针形，有短柄；中部羽片三出至二叉，向上的羽片单一；叶脉分离，侧脉一至二回分叉。叶干后草质，上面暗绿色，下面淡绿色，两面无毛。

生境： 生于林下或路边灌丛。

分布： 分布于保护区海拔 600~1750 m。

凤尾蕨科 (Pteridaceae) 凤了蕨属 (*Coniogramme*)

凤了蕨 *Coniogramme japonica*

形态特征: 植株高60~120cm。叶柄禾秆色或栗褐色; 叶片和叶柄等长或稍长, 长圆三角形, 二回羽状; 侧生小羽片披针形, 顶生小羽片阔披针形; 顶生羽片较其下的为大, 有长柄; 羽片和小羽片边缘有向前伸的疏矮齿; 叶脉网状。叶干后纸质, 上面暗绿色, 下面淡绿色, 两面无毛。

生境: 生于湿润林下和山谷阴湿处。

分布: 分布于保护区海拔300~1300m。

凤尾蕨科 (Pteridaceae)　　　　　　　　　　　　　　凤尾蕨属 (*Pteris*)

欧洲凤尾蕨 *Pteris cretica*

形态特征： 根状茎短而直立或斜升，先端被黑褐色鳞片。叶簇生，二型或近二型；叶柄禾秆色，有时带棕色，偶为栗色，表面平滑；叶片卵圆形，一回羽状；主脉下面强度隆起，禾秆色，光滑；侧脉两面均明显，稀疏，斜展，单一或从基部分叉；叶轴禾秆色，表面平滑。叶干后纸质，绿色或灰绿色，无毛。

生境： 生于石灰岩地区的岩隙间或林下灌丛中。

分布： 分布于保护区海拔400~2900m。

凤尾蕨科 (Pteridaceae)   凤尾蕨属 (*Pteris*)

岩凤尾蕨 *Pteris deltodon*

形态特征：根状茎短而直立，被黑色鳞片。叶簇生，一型；叶柄基部褐色，向上浅禾秆色；叶片卵形或三角状卵形，三叉或奇数一回羽状；不育羽片与能育羽片同形但较宽短，叶轴禾秆色，下面隆起。叶干后纸质，褐绿色，无毛。

生境：生于阴暗而稍干燥的石灰岩壁上。

分布：分布于保护区内海拔600~1500 m。

凤尾蕨科（Pteridaceae）　　　　　　　　　　　　　　　凤尾蕨属（*Pteris*）

华中凤尾蕨　*Pteris kiuschiuensis* var. *centrochinensis*

形态特征： 根状茎短而直立，先端被褐色鳞片。叶簇生；叶柄基部红棕色，向上与叶轴均为禾秆色或棕禾秆色，稍有光泽，无毛；叶片卵形，二回深羽裂；侧生羽片对生，无柄；顶生羽片与侧生羽片同形；裂片互生或近对生，长圆形，全缘；羽轴下面隆起，禾秆色，光滑，主脉上面有少数针状刺或近无刺。叶干后薄草质，草绿色，无毛。

生境： 生于溪边。

分布： 分布于保护区海拔350~800m。

凤尾蕨科 (Pteridaceae)　　　　　　　　　　凤尾蕨属 (*Pteris*)

井栏边草　*Pteris multifida*

形态特征：根状茎短而直立，被黑褐色鳞片。叶密而簇生，二型；不育叶柄较短，禾秆色或暗褐色，具禾秆色窄边；叶片卵状长圆形，尾状头，基部圆楔形，奇数一回羽状；能育叶柄较长，羽片线形，不育部分具锯齿。叶干后草质，暗绿色，无毛。

生境：生于墙壁、井边及石灰岩缝隙或灌丛下。

分布：分布于保护区海拔 900~1000 m。

凤尾蕨科 (Pteridaceae)　　　　　　　　　　　　　　　　凤尾蕨属 *(Pteris)*

溪边凤尾蕨　*Pteris terminalis*

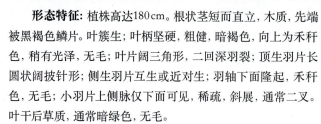

　　形态特征: 植株高达180cm。根状茎短而直立，木质，先端被黑褐色鳞片。叶簇生；叶柄坚硬，粗健，暗褐色，向上为禾秆色，稍有光泽，无毛；叶片阔三角形，二回深羽裂；顶生羽片长圆状阔披针形；侧生羽片互生或近对生；羽轴下面隆起，禾秆色，无毛；小羽片上侧脉仅下面可见，稀疏，斜展，通常二叉。叶干后草质，通常暗绿色，无毛。

　　生境: 生于溪边疏林下或灌丛中。

　　分布: 分布于保护区海拔600~2700m。

冷蕨科（Cystopteridaceae）　　　　　　　　冷蕨属（*Cystopteris*）

膜叶冷蕨　*Cystopteris pellucida*

形态特征： 植株高30~45cm，长而横走；叶疏生；叶柄禾秆色或红棕色，基部有短毛和灰棕色鳞片；叶片薄草质，长卵形或窄卵状矩圆形，二回羽状（三回羽裂），基部一对三角状披针形；小羽片互生，具有窄翅的短柄，叶干后薄草质或近膜质，绿色。囊群盖小，卵形，膜质，基部着生。

生境： 生于山坡林下或沟边阴湿处。

分布： 分布于保护区海拔1500~2800m。

冷蕨科 (Cystopteridaceae)　　　　　　　　　　　羽节蕨属 (*Gymnocarpium*)

东亚羽节蕨　*Gymnocarpium oyamense*

形态特征： 植株高 25~45cm；根茎细长横走，顶端连同叶柄基部被红棕色宽披针形鳞片；叶疏生；叶柄亮禾秆色，下面圆，上面有纵沟；叶片卵状三角形，边缘片状浅裂，裂片全缘或有浅圆齿，单一，直达叶缘；叶草质，干后绿色或灰绿色，两面无毛；孢子囊群长圆形。

生境： 生于林下湿地或石上苔藓中。

分布： 分布于保护区海拔 300~2900m。

铁角蕨科 (Aspleniaceae)   铁角蕨属 (*Asplenium*)

线柄铁角蕨 *Asplenium capillipes*

形态特征: 根茎短而直立, 顶端密被黑褐色流苏状宽披针形鳞片; 叶簇生; 叶柄纤细, 丝状, 草绿色, 光滑; 叶片线状披针形, 二回羽状, 互生或基部的对生; 叶脉明显, 叶干后灰绿色, 薄草质; 叶轴草绿色, 光滑, 有纵沟, 着地生根; 孢子囊群近椭圆形; 孢子囊群盖同形, 宿存。

生境: 生于阴湿的石灰岩洞中, 常与藓类混生。

分布: 分布于保护区海拔2000~2700m。

铁角蕨科 (Aspleniaceae)　　　　　　　　　　　　　　　铁角蕨属 (*Asplenium*)

虎尾铁角蕨　*Asplenium incisum*

形态特征： 根茎短而直立或横卧，顶端密被窄披针形黑色鳞片；叶密集簇生；叶柄淡绿、栗色或红棕色，略被小鳞片；羽片宽披针形，二回羽状，小羽片 4~6 对，基部 1 对椭圆形或卵形，圆头有粗齿牙，基部宽楔形；叶脉明显，纤细；孢子囊群椭圆形，靠主脉，不达叶缘；囊群盖椭圆形。

生境： 生于林下潮湿岩石上。

分布： 分布于保护区海拔 263~1600 m。

铁角蕨科 (Aspleniaceae)　　　　　　　　　　铁角蕨属 (*Asplenium*)

胎生铁角蕨　*Asplenium indicum*

形态特征: 根茎短而直立, 密被红棕色、有虹色光泽的全缘披针形鳞片; 叶簇生; 叶柄灰绿色或灰禾秆色, 疏被红棕色窄披针形鳞片; 叶片阔披针形, 一回羽状, 互生或下部的对生, 中部叶片菱形或菱状披针形; 叶脉明显, 隆起呈沟脊状, 不达叶缘; 叶干后草绿色, 革质; 孢子囊群线形; 囊群盖线形, 宿存。

生境: 生于密林下潮湿岩石上或树干上。

分布: 分布于保护区海拔600~2700m。

铁角蕨科（Aspleniaceae） 铁角蕨属（*Asplenium*）

华中铁角蕨 *Asplenium sarelii*

形态特征： 根状茎短而直立，先端密被鳞片；鳞片狭披针形，厚膜质，黑褐色，有光泽，边缘有微锯齿。叶簇生；叶柄淡绿色，近光滑；叶片椭圆形，三回羽裂；叶坚草质，干后灰绿色；叶轴及各回羽轴均与叶柄同色，两侧均有线形狭翅。孢子囊群近椭圆形，棕色；囊群盖同形，灰绿色，膜质，全缘，宿存。

生境： 生于潮湿岩壁上或石缝中。

分布： 分布于保护区海拔300~2800m。

铁角蕨科 (Aspleniaceae)　　　　　　　　　铁角蕨属 (*Asplenium*)

铁角蕨 *Asplenium trichomanes*

　　形态特征：根茎短而直立，密被线状全缘黑色略带虹色光泽披针形鳞片；叶多数，簇生；叶柄栗褐色；叶片长线形，一回羽状，羽片对生；叶干后草绿色、棕绿色或棕色，纸质；叶轴栗褐色；孢子囊群宽线形，通常生于上侧小脉，每羽片 4~8 枚，位于主脉和叶缘间；囊群盖宽线形，开向主脉，宿存。

　　生境：生于林下山谷中的岩石上或石缝中。

　　分布：分布于保护区海拔 400~2200 m。

铁角蕨科（Aspleniaceae）　　　　　　　　　　铁角蕨属（*Asplenium*）

棕鳞铁角蕨　*Asplenium yoshinagae*

形态特征： 植株高 10~20cm；叶簇生；叶柄灰绿色或灰禾秆色，上面有纵沟，疏被红棕色窄披针形鳞片；叶片宽披针形，羽片长 1~2cm，下部羽片的腋间往往有 1 个芽孢，能萌发出幼株。孢子囊群线形；囊群盖线形，开向主脉或开向叶缘，宿存。

生境： 生于密林下潮湿岩石上或树干上。

分布： 分布于保护区海拔 600~2700m。

铁角蕨科 (Aspleniaceae)　　　　　　　膜叶铁角蕨属 (*Hymenasplenium*)

切边膜叶铁角蕨　*Hymenasplenium excisum*

形态特征： 根茎横走，顶端密被黑褐色全缘披针形鳞片；叶疏生；叶柄栗褐色，基部疏被与根茎相同的鳞片，向上光滑，有纵沟；叶片披针状椭圆形，尾状头，一回羽状，下部的近对生，向上的互生；叶脉羽状，主脉下面与叶轴同色；孢子囊群宽线形，着生上侧小脉中部；囊群盖宽线形，膜质，全缘，开向主脉。

　　生境： 生于密林下阴湿处或溪边乱石中或附树干上。

　　分布： 分布于保护区海拔300~1700 m。

肠蕨科 (Diplaziopsidaceae)　　　　　　　　　　　　肠蕨属 (*Diplaziopsis*)

川黔肠蕨　*Diplaziopsis cavaleriana*

形态特征： 根状茎短而直立，顶端连同叶柄基部有少数褐色披针形鳞片；叶簇生。叶柄干后禾秆色或绿禾秆色，基部以上无鳞片，叶片长圆阔披针形，侧生羽片披针形，略斜展，两侧全缘，叶干后绿色或黄绿色，下面色显著较浅。孢子囊群粗线形；囊群盖腊肠形，褐色，宿存。

生境： 生于山谷阔叶林下。

分布： 分布于保护区海拔 1000～1800 m。

肠蕨科 (Diplaziopsidaceae)   肠蕨属 (*Diplaziopsis*)

肠蕨   *Diplaziopsis javanica*

形态特征: 根状茎直立,顶端连同叶柄基部被褐色、全缘的披针形鳞片,基部有铁丝状肉质长根;叶簇生。叶柄褐色;叶片阔披针形;侧生羽斜展,披针形,全缘,无柄;叶脉两面明显,网状。叶干后近膜质,上面暗绿色,下面浅绿色。孢子囊群粗线形或腊肠形;囊群盖厚膜质,宿存。

    分布: 分布于保护区海拔400~800m。

金星蕨科 (Thelypteridaceae) 卵果蕨属 (*Phegopteris*)

延羽卵果蕨 *Phegopteris decursive-pinnata*

形态特征： 根状茎短而直立。叶簇生；叶柄淡禾秆色；叶片草质，披针形，先端渐尖并羽裂，向基部渐变狭，二回羽裂，或一回羽状而边缘具粗齿。孢子囊群近圆形，背生于侧脉的近顶端，每裂片2～3对；孢子囊体顶部近环带处有时有一二短刚毛或具柄的头状毛；孢子外壁光滑，周壁表面具颗粒状纹饰。

生境： 生于冲积平原和丘陵低山区的河沟两岸或路边林下。

分布： 分布于保护区海拔1300～1500m。

金星蕨科 (Thelypteridaceae)　　　　　　　　　　新月蕨属 (*Pronephrium*)

披针新月蕨 *Pronephrium penangianum*

形态特征: 根状茎长而横走, 偶有1~2棕色鳞片。叶疏生; 叶柄褐棕色, 向上淡红色; 叶片长圆状披针形, 奇数一回羽状, 叶干后纸质, 褐色或红褐色, 光滑。孢子囊群圆形, 生于小脉中部或中部稍下, 在侧脉间成2列, 每列6~7枚。

生境: 群生于疏林下或阴地水沟边。

分布: 分布于保护区海拔900~3005m。

金星蕨科 (Thelypteridaceae)　　　　　　　紫柄蕨属 (*Pseudophegopteris*)

光叶紫柄蕨 *Pseudophegopteris pyrrhorhachis* var. *glabrata*

形态特征： 根状茎长而横走，顶部密被短毛。叶近生或疏生；叶柄栗红色，有光泽；叶片长圆披针形，二回羽状深裂，草质，干后褐绿色；羽片对生，无柄；裂片三角状长圆形，斜上，全缘；叶脉不明显，在裂片上羽状，小脉单一，斜上；叶片下面连同叶轴、羽轴和小羽轴均光滑无毛。孢子囊群近圆形或卵圆形，无囊群盖。

生境： 生于溪边林下。

分布： 分布于保护区海拔800~3000m。

岩蕨科 (Woodsiaceae)　　　　　　　　　　　　　　岩蕨属 (*Woodsia*)

耳羽岩蕨　*Woodsia polystichoides*

形态特征: 根状茎短而直立, 顶端密被披针形或卵状披针形全缘鳞片。叶簇生; 叶片纸质, 线状披针形或窄披针形, 两面混生有节的绵毛和条形鳞片, 一回羽状; 下部羽片逐渐缩小, 斜向下, 中部羽片平展; 侧脉二叉。孢子囊群圆形, 生于分叉侧脉上侧一脉顶端。

生境: 生于林下石上及山谷石缝间。

分布: 分布于保护区海拔 264~2700 m。

蹄盖蕨科（Athyriaceae）　　　　　　　　　　　　　蹄盖蕨属（Athyrium）

川滇蹄盖蕨　*Athyrium mackinnonii*

形态特征： 根状茎短，直立，先端和叶柄基部密被鳞片，边缘褐色，狭披针形。叶簇生；叶柄黑褐色，向上禾秆色，近光滑；叶片长三角形或三角状长圆形；叶脉两面可见；叶轴和羽轴下面禾秆色，疏被灰白色短直毛。叶干后纸质，灰绿色，两面无毛。孢子囊群短线形、弯钩形，少为马蹄形；囊群盖同形，褐色，膜质，近全缘，宿存。

生境： 生于杂木林下阴湿处。

分布： 分布于保护区海拔800~2850 m。

蹄盖蕨科 (Athyriaceae) 囊蕨属 (*Deparia*)

大久保对囊蕨 *Deparia okuboana*

形态特征： 植株高约 1m。根状茎横走。叶稍疏生；叶柄禾秆色，基部被鳞片；叶片三角形，厚纸质，两面无毛，二回羽状至三回羽状半裂；羽片斜上，长圆状披针形，一回羽状，长圆形或圆形，基部膨大，羽状分裂，全缘；裂片叶脉羽状，小脉单一。孢子囊群圆形；囊群盖肾圆形或略马蹄形，褐棕色，全缘。

生境 生于山谷林下、林缘或沟边阴湿处。

分布： 分布于保护区海拔 264~2100 m。

073

球子蕨科 (Onocleaceae)　　　　　　东方荚果蕨属 (*Pentarhizidium*)

东方荚果蕨　*Pentarhizidium orientale*

形态特征： 植株高达 1 m。根状茎短而直立，木质，坚硬，先端及叶柄基部密被鳞片；鳞片披针形，先端纤维状，全缘，膜质，棕色，有光泽。叶簇生，二型；叶片椭圆形，纸质，无毛，二回深羽裂；羽片互生，多数，斜向上，线形，深紫色，有光泽。囊群盖膜质。

生境： 生于林下溪边。

分布： 分布于保护区海拔 1000~2700 m。

乌毛蕨科 (Blechnaceae)   荚囊蕨属 (*Struthiopteris*)

荚囊蕨 *Struthiopteris eburnea*

形态特征：根状茎粗短，直立或长而横走，密被鳞片，棕色或中部深褐色，有光泽，厚膜质。叶簇生，二型；叶柄禾秆色，基部密被鳞片；叶片线状披针形，一回羽状，全缘，干后暗绿色或棕绿色，略内卷，平展，坚革质，无毛，上面有时褶皱；叶脉不显；叶轴禾秆色，光滑。孢子囊群线形；囊群盖纸质，开向主脉，宿存。

生境：生于溪边岩石上。

分布：分布于保护区海拔 500~1800 m。

乌毛蕨科 (Blechnaceae)　　　　　　　　　　狗脊属 (*Woodwardia*)

顶芽狗脊 *Woodwardia unigemmata*

形态特征： 植株高达 2m。根状茎横卧，黑褐色，密被鳞片。叶近生；叶片长卵形或椭圆形，基部圆楔形，二回深羽裂；羽片互生或下部的近对生，阔披针形或椭圆披针形；叶脉明显，与叶轴同为棕禾秆色。叶革质，干后棕色或褐棕色，无毛。孢子囊群粗短线形；囊群盖同形，厚膜质，棕色或棕褐色。

生境： 生于疏林下或路边灌丛中，喜钙质土。

分布： 分布于保护区海拔 450~3000m。

鳞毛蕨科 (Dryopteridaceae)　　　　　　　　　　　　　　　肋毛蕨属 (*Ctenitis*)

亮鳞肋毛蕨　*Ctenitis subglandulosa*

　　形态特征： 根状茎粗短，直立，顶部及叶柄基部密被先端纤维状卷曲、锈棕色线状鳞片。叶簇生；叶柄暗棕色，向上禾秆色，上面有 2 纵沟，基部以上被全缘、棕色、有虹色光泽的宽披针形鳞片；羽片卵状三角形，基部心形，四回羽裂。孢子囊群小，圆形；囊群盖未见。

　　生境： 生于山谷林下或沟旁石缝中。

　　分布： 分布于保护区海拔 450～650 m。

鳞毛蕨科 (Dryopteridaceae) 　　　　　　　　　　　　　　　　贯众属 (*Cyrtomium*)

大叶贯众　*Cyrtomium macrophyllum*

形态特征： 植株高约 30 cm。根状茎直立或斜升，密被披针形黑棕色鳞片。叶簇生；叶柄禾秆色；叶片矩圆状卵形或窄长圆形，厚纸质，奇数一回羽状；侧生羽片互生，略斜上，具短柄。孢子囊群遍布羽片背面；囊群盖圆形，盾状，全缘。

生境： 生于林下。

分布： 分布于保护区海拔 750~2700 m。

鳞毛蕨科 (Dryopteridaceae) 鳞毛蕨属 (*Dryopteris*)

桫椤鳞毛蕨 *Dryopteris cycadina*

形态特征: 根状茎粗短, 直立, 连同叶柄基部被黑褐色、具睫毛的窄长披针形鳞片。叶簇生; 叶柄深紫褐色; 叶片披针形或椭圆状披针形, 薄纸质, 两面近光滑, 羽裂渐尖头, 一回羽状半裂或深裂; 羽片互生; 叶脉羽状, 侧脉单一。孢子囊群小, 圆形; 囊群盖肾圆形, 全缘。

生境: 生于杂木林下。

分布: 分布于保护区海拔1400~2800m。

鳞毛蕨科 (Dryopteridaceae)　　　　　　　　　　　　　　　　鳞毛蕨属 (*Dryopteris*)

黑足鳞毛蕨 *Dryopteris fuscipes*

形态特征： 根状茎直立或斜升。叶簇生；叶柄基部深褐色或黑色，向上棕禾秆色；叶片卵形或卵状长圆形，纸质，干后褐绿色；羽片互生或下部的对生，具短柄，披针形；小羽片三角状卵形，边缘具浅齿；叶脉羽状，上面不显，下面可见；叶轴和羽轴密被泡状鳞片。孢子囊群近主脉着生；囊群盖肾圆形，棕色，全缘，宿存。

生境： 生于林下。

分布： 分布于保护区海拔2300~2500 m。

鳞毛蕨科 (Dryopteridaceae) 鳞毛蕨属 (*Dryopteris*)

两色鳞毛蕨 *Dryopteris setosa*

形态特征: 根状茎粗短, 直立或斜升, 密被黑色或黑褐色窄披针形鳞片。叶簇生; 叶柄禾秆色, 基部密被黑褐色狭披针形鳞片; 叶片卵形或披针形, 近革质, 干后黄绿色, 三回羽状; 羽片互生, 具短柄。孢子囊群大, 靠近小羽片中脉或末回裂片中脉着生; 囊群盖大, 棕色, 肾圆形, 边缘全缘或有短睫毛。

生境: 生于林下沟边。

分布: 分布于保护区海拔850~1000m。

鳞毛蕨科 (Dryopteridaceae)　　　　　　　　　　　　　耳蕨属 (*Polystichum*)

蚀盖耳蕨 *Polystichum erosum*

形态特征： 根状茎直立，密被披针形棕色鳞片。叶簇生；叶柄禾秆色，具纵沟，密被褐棕色边缘纤毛状的披针形鳞片；叶片线状披针形或倒披针形，纸质，两面被鳞片，一回羽状；下部的叶对生，三角状卵形或长圆形，具内弯尖齿牙；叶脉羽状，上面不显，下面略隆起。囊群盖大，盾状，近圆形，边缘啮蚀状。

生境： 生于林下岩石上。

分布： 分布于保护区内海拔 1400~2400 m。

鳞毛蕨科 (Dryopteridaceae)　　　　　　　　　　耳蕨属 (*Polystichum*)

亮叶耳蕨　*Polystichum lanceolatum*

形态特征 根状茎短而直立，顶端被小鳞片。叶簇生；叶柄淡棕禾秆色或浅绿禾秆色，疏被小鳞片；叶片线状披针形，厚纸质或近革质，干后浅棕绿色或灰绿色，一回羽状；羽片具光泽；叶脉羽状，侧脉单一或二叉，几达齿端；叶轴浅棕禾秆色或浅绿禾秆色。孢子囊群着生于小脉分枝顶端；囊群盖圆盾形，全缘。

生境： 生于山谷阴湿处石灰岩隙。

分布： 分布于保护区海拔900~1800 m。

鳞毛蕨科（Dryopteridaceae）   耳蕨属（*Polystichum*）

鞭叶耳蕨 *Polystichum lepidocaulon*

形态特征： 植株高 10~20cm。根茎直立，密生披针形棕色鳞片。叶簇生，叶柄禾秆色，腹面有纵沟，密生披针形棕色鳞片；叶片多线状披针形，一回羽状；羽片 14~26 对，先端钝或圆形，基部偏斜。叶纸质，先端延伸成鞭状，顶端有芽胞能萌发新植株。孢子囊群通常位于羽片上侧边缘成一行；囊群盖大，圆形，全缘，盾状。

生境： 生于山谷岩缝阴湿处。

分布： 分布于保护区海拔 300~1200 m。

鳞毛蕨科 (Dryopteridaceae)　　　　　　　　　　　　　耳蕨属 (*Polystichum*)

黑鳞耳蕨 *Polystichum makinoi*

　　形态特征： 根状茎短，直立或斜升，密被线形棕色鳞片。叶簇生；叶柄黄棕色，密被大鳞片；叶片三角状卵形或三角状披针形，二回羽状。孢子囊群近主脉，着生于小脉末端，在主脉两侧各1行；囊群盖圆盾形，边缘啮齿状。

　　生境： 生于林下湿地、岩石上。

　　分布： 分布于保护区海拔 600~2300 m。

鳞毛蕨科 (Dryopteridaceae)　　　　　　　　　　　　耳蕨属 (*Polystichum*)

革叶耳蕨 *Polystichum neolobatum*

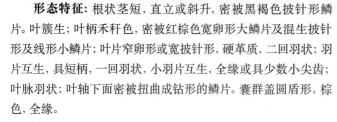

形态特征： 根状茎短，直立或斜升，密被黑褐色披针形鳞片。叶簇生；叶柄禾秆色，密被红棕色宽卵形大鳞片及混生披针形及线形小鳞片；叶片窄卵形或宽披针形，硬革质，二回羽状；羽片互生，具短柄，一回羽状，小羽片互生，全缘或具少数小尖齿；叶脉羽状；叶轴下面密被扭曲成钻形的鳞片。囊群盖圆盾形，棕色，全缘。

生境： 生于阔叶林下。

分布： 分布于保护区海拔1260～3000 m。

鳞毛蕨科 (Dryopteridaceae)　　　　　　　　　　　耳蕨属 (*Polystichum*)

戟叶耳蕨　*Polystichum tripteron*

形态特征: 植株高30~65 cm。根状茎短而直立，先端连同叶柄基部密被披针形鳞片。叶簇生；叶柄基部以上禾秆色；叶片戟状披针形，草质，干后绿色，上面色较深，具3枚椭圆披针形的羽片，沿叶脉疏生浅棕色小鳞片；叶脉在裂片上羽状，小脉单一，罕二分叉。孢子囊群圆形；囊群盖圆盾形，边缘略呈啮蚀状，早落。

生境: 生于林下石隙或石上。

分布: 分布于保护区海拔400~2300 m。

肾蕨科 (Nephrolepidaceae)　　　　　　　　肾蕨属 (*Nephrolepis*)

肾蕨　*Nephrolepis cordifolia*

形态特征：附生或土生。根状茎直立，被蓬松的淡棕色长钻形鳞片，下部有粗铁丝状的匍匐茎向四方横展；匍匐茎棕褐色，不分枝，疏被鳞片，有纤细的褐棕色须根，匍匐茎上生有近圆形的块茎。叶簇生，暗褐色，略有光泽，上面有纵沟，下面圆形，密被淡棕色线形鳞片；叶片线状披针形或狭披针形，坚草质或草质，干后棕绿色或褐棕色，光滑；叶脉明显，侧脉纤细，小脉直达叶边缘附近，末端具纺锤形水囊；叶轴两侧被纤维状鳞片，叶片一回羽状，互生，常密集而呈覆瓦状排列，小叶片披针形。孢子囊群成 1 行位于主脉两侧，肾形，少有肾圆形或近圆形；囊群盖肾形，褐棕色，边缘色较淡，无毛。

生境：生于溪边林下。

分布：分布于保护区海拔 300～1500 m。

水龙骨科 (Polypodiaceae)　　　　　　　　　槲蕨属 (*Drynaria*)

槲蕨　*Drynaria roosii*

形态特征：根状茎密被鳞片，鳞片斜升，盾状着生，边缘有齿。孢子囊群圆形或椭圆形，在叶片下面沿裂片中脉两侧各排成2～4行，成熟时相邻2侧脉间有圆形孢子囊群1行，或幼时成1行长形孢子囊群，混生腺毛。

生境：附生树干或石上，偶墙缝中。

分布：分布于保护区海拔240~1800m。

槲 蕨

水龙骨科 (Polypodiaceae)　　　　　　　　伏石蕨属 (*Lemmaphyllum*)

抱石莲　*Lemmaphyllum drymoglossoides*

　　形态特征： 根状茎细长，横走，被钻状有齿的披针形鳞片。叶疏生，二型；不育叶长圆形或卵形，圆头或钝圆头，基部楔形，全缘；能育叶舌状或倒披针形，基部窄缩，肉质，叶干后革质。孢子囊群圆形，沿主脉两侧各成1行，着生于主脉与叶缘间。

　　生境： 附生于阴湿树干和岩石上。

　　分布： 分布于保护区海拔 240~1400 m。

水龙骨科 (Polypodiaceae)　　　　　　　　伏石蕨属 (*Lemmaphyllum*)

骨牌蕨 *Lemmaphyllum rostratum*

形态特征：根状茎细长横走，被钻状有齿的披针形鳞片。叶远生，二型；不育叶梨形至长卵形，几无柄，全缘或略呈波状；能育叶较长而狭，近披针形，肉质，干后革质，上面光滑，下面疏生鳞片；主脉明显，小脉不显。孢子囊群圆形，沿主脉两侧各成1行，稍靠近主脉。

生境：生长于林下石上。

分布：分布于保护区海拔 1900～2000 m。

水龙骨科 (Polypodiaceae)　　　　　　　　鳞果星蕨属 (*Lepidomicrosorium*)

鳞果星蕨　*Lepidomicrosorium buergerianum*

形态特征： 根状茎细长，攀缘，密被深棕色披针形鳞片。叶疏生，二型；叶柄粗壮；不育叶卵状披针形，干后纸质，褐绿色，全缘，两面主脉隆起，小脉不明显；能育叶披针形或三角状披针形，向下渐宽，基部戟形，略下延成窄翅，全缘。孢子囊群小，散生，而在较小的能育叶上则在主脉两侧各排成1行。

生境： 生于林下攀缘树干和岩石上。

分布： 分布于保护区海拔 500~700m。

水龙骨科 (Polypodiaceae)　　　　　　　　　　　　　　　　瓦韦属 (*Lepisorus*)

大瓦韦　*Lepisorus macrosphaerus*

形态特征： 根状茎横走，密被鳞片；鳞片棕色，卵圆形，钝圆头，中部网眼近长方形，网眼壁略加厚，全部透明，颜色较深，边缘网眼近多边形，色淡。叶近生；叶柄多禾秆色；叶片披针形或窄长披针形，全缘或略波状，干后上面黄绿色或褐色，下面灰绿色或淡棕色，厚革质；主脉两面均隆起，叶脉明显。孢子囊群圆形或椭圆形。

生境： 生于山坡石上。

分布： 分布于保护区海拔870~2300 m。

水龙骨科 (Polypodiaceae)   薄唇蕨属 (*Leptochilus*)

曲边线蕨 *Leptochilus ellipticus* var. *flexilobus*

形态特征： 根状茎长而横走，密生鳞片，只具星散的厚壁组织，有时有极纤细的环形维管束鞘，根密生；鳞片褐棕色，卵状披针形。叶远生，近二型；叶片纸质，较厚，干后稍呈褐棕色，两面无毛。叶轴两侧具有宽翅，羽片边缘有较明显的波状褶皱。孢子囊群线形，斜展，在每对侧脉间各排列成1行，伸达叶边；无囊群盖；孢子极面观为椭圆形，赤道面观为肾形。

生境： 生长于林下。

分布： 分布于保护区海拔 260~900 m。

水龙骨科 (Polypodiaceae)　　　　　　薄唇蕨属 (*Leptochilus*)

矩圆线蕨　*Leptochilus henryi*

形态特征： 植株高20～70cm。根状茎横走，密生鳞片；鳞片褐色，卵状披针形，边缘有疏锯齿。叶远生，一型；叶柄禾秆色；叶片椭圆形或卵状披针形，草质或薄草质，光滑无毛。孢子囊群线形，着生于网脉上，无囊群盖；孢子极面观为椭圆形，赤道面观为肾形。

生境： 生于林下或阴湿处，成片聚生。

分布： 分布于保护区海拔600～1260m。

水龙骨科 (Polypodiaceae)　　　　　　　　　　　　　盾蕨属 (*Neolepisorus*)

江南星蕨 *Neolepisorus fortunei*

形态特征: 根状茎长, 横走, 顶部被贴伏鳞片; 鳞片褐棕色, 卵状三角形, 有疏锯齿, 筛孔细密, 盾状着生。叶疏生; 叶柄禾秆色; 叶片线状披针形或披针形, 全缘, 具软骨质边缘, 干后厚纸质, 下面淡绿色或灰绿色, 两面无毛; 中脉隆起, 侧脉不明显, 小脉网状。孢子囊群大而圆。

生境: 多生于林下溪边岩石上或树干上。

分布: 分布于保护区海拔300~1800m。

水龙骨科 (Polypodiaceae)　　　　　　　　　　　　　盾蕨属 (*Neolepisorus*)

卵叶盾蕨　*Neolepisorus ovatus*

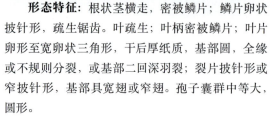

形态特征： 根状茎横走，密被鳞片；鳞片卵状披针形，疏生锯齿。叶疏生；叶柄密被鳞片；叶片卵形至宽卵状三角形，干后厚纸质，基部圆，全缘或不规则分裂，或基部二回深羽裂；裂片披针形或窄披针形，基部具宽翅或窄翅。孢子囊群中等大，圆形。

生境： 生于混交林下湿地上。

分布： 分布于保护区海拔 260~1100 m。

水龙骨科 (Polypodiaceae)　　　　　　　　　　盾蕨属 (*Neolepisorus*)

卵叶盾蕨　*Neolepisorus ovatus*

水龙骨科 (Polypodiaceae)　　　　　　　　　　石韦属 (*Pyrrosia*)

庐山石韦　*Pyrrosia sheareri*

形态特征: 植株通常高20~50cm。根状茎粗壮，横卧，密被线状棕色鳞片；鳞片着生处近褐色。叶近生，一型；叶柄禾秆色至灰禾秆色；叶片椭圆状披针形，全缘，干后软厚革质，上面淡灰绿色或淡棕色，几光滑无毛，但布满洼点，下面棕色，被厚层星状毛；主脉粗壮，两面均隆起，侧脉可见，小脉不显。孢子囊群呈不规则的点状排列于侧脉间，成熟时孢子囊开裂呈砖红色。

生境: 生于石上或树干上。

分布: 分布于保护区海拔500~2100m。

3

裸子植物

松科 (Pinaceae)　　　　　　　　　　　　　　　　冷杉属 (*Abies*)

秦岭冷杉　*Abies chensiensis*

　　形态特征： 乔木。一年生枝淡黄灰色、淡黄色或淡褐黄色，无毛或凹槽中有稀疏细毛，二、三年生枝淡黄灰色或灰色；冬芽圆锥形，有树脂。叶在枝上列成 2 列或近 2 列状，条形，上面深绿色，下面有 2 条白色气孔带；果枝之叶先端尖或钝。球果圆柱形或卵状圆柱形，近无梗，成熟前绿色，成熟时褐色。种子倒三角状椭圆形。

　　物候期： 花期 5 ~ 6 月，果期 10 月。

　　生境： 生于土层较厚、富含腐殖质的棕壤上等。

　　分布： 分布于保护区海拔 2300 ~ 3000m。

松科 (Pinaceae)　　　　　　　　　　　　　　　　　　　　　　　落叶松属 (*Larix*)

日本落叶松　*Larix kaempferi*

　　形态特征： 乔木。树皮暗褐色，纵裂成鳞状块片脱落；幼枝被褐色柔毛，后渐脱落，一年生长枝淡红褐色，有白粉，二至三年生枝灰褐色或黑褐色；顶端叶枕之间疏生柔毛。叶片倒披针状窄线形。球果广卵圆形或圆柱状卵形，成熟时黄褐色，中部种鳞卵状长方形或卵状方形，上部边缘波状，显著向外反曲，背面具褐色疣状突起或短粗毛。种子倒卵圆形。

　　物候期： 花期4～5月，球果10月成熟。

　　生境： 多生于向阳地带，多见于常绿落叶阔叶混交林中。

　　分布： 分布于保护区海拔1300～2300 m。

松科 (Pinaceae)   松属 (*Pinus*)

华山松 *Pinus armandii*

形态特征: 乔木。幼树树皮灰绿色或淡灰色，平滑，老则呈灰色；枝条平展，形成圆锥形或柱状塔形树冠；冬芽近圆柱形，褐色，微具树脂，芽鳞排列疏松。雄球花黄色，卵状圆柱形，基部围有卵状匙形的鳞片，排列较疏松。球果圆锥状长卵圆形，幼时绿色，成熟时黄色或褐黄色。种子黄褐色、暗褐色或黑色，倒卵圆形。

　　物候期: 花期4～5月，球果翌年9～10月成熟。

　　生境: 组成单纯林或与阔叶树种混生，稍耐干燥瘠薄的土地，能生于石灰岩石缝间。

　　分布: 分布于保护区海拔1100～2500 m。

松科 (Pinaceae)   松属 (*Pinus*)

白皮松 *Pinus bungeana*

形态特征：乔木。主干明显或从树干近基部分生数个主干；幼树树皮灰绿色，平滑，内皮淡黄绿色，老树树皮淡褐灰色或灰白色，块片脱落露出粉白色内皮，白褐相间或斑鳞状；一年生枝灰绿色，无毛；冬芽红褐色，卵圆形，无树脂。针叶 3 针一束，粗硬。球果卵圆形或圆锥状卵圆形，成熟时淡黄褐色。种子近倒卵圆形，灰褐色。

物候期：花期 4 ~ 5 月，球果翌年 10 ~ 11 月成熟。

生境：生于山地石灰岩形成的土壤中，在气候冷凉的酸性石山上或黄土上也能生长。

分布：分布于保护区海拔 500 ~ 1800m。

松科 (Pinaceae)   松属 (*Pinus*)

油松 *Pinus tabuliformis*

形态特征: 乔木。树皮灰褐色或褐灰色,裂成不规则厚鳞状块片;叶2针一束,粗硬;球果卵形或圆卵形,有短梗且向下弯垂,成熟前绿色,熟时淡黄色或淡褐黄色;中部种鳞近矩圆状侧卵形,鳞盾肥厚,隆起或微隆起,扁菱或菱状多角形,横脊显著,鳞脐凸起有尖刺;种子卵圆形或长卵圆形,淡褐色有斑纹;初生叶窄条形,先端尖,边缘有细锯齿。

物候期: 花期4~5月,球果翌年10~11月成熟。

生境: 生于山地石灰岩形成的土壤中,在气候冷凉的酸性石山上或黄土上也能生长。

分布: 分布于保护区海拔500~1800m。

柏科 (Cupressaceae)　　　　　　　　　　　　　　　　刺柏属 (*Juniperus*)

刺柏　*Juniperus formosana*

形态特征： 乔木。树皮褐色，纵裂成长条薄片脱落；枝条斜展或直展；树冠塔形或圆柱形；小枝下垂，三棱形。三叶轮生；叶片条状披针形或条状刺形，中脉微隆起，绿色，两侧各有1条白色、很少紫色或淡绿色的气孔带，下面绿色，有光泽，具纵钝脊。雄球花圆球形或椭圆形。球果近球形或宽卵圆形。

　　物候期： 花期4月，果需要2年成熟。

　　生境： 多散生于林中。

　　分布： 分布于保护区海拔 1300 ～ 2300 m。

柏科 (Cupressaceae)　　　　　　　　　　　　　　侧柏属 (*Platycladus*)

侧柏　*Platycladus orientalis*

形态特征: 乔木。幼树树冠尖塔形, 老则广圆形; 树皮薄, 浅灰褐色, 纵裂成条片; 小枝直展、扁平, 排成一平面, 两面同形。鳞叶二型, 交互对生, 背面有腺点。花雌雄同株, 球花单生枝顶, 雄球花黄色, 卵圆形; 雌球花蓝绿色, 近球形, 被白粉。球果卵状椭圆形, 成熟时褐色。种子椭圆形, 灰褐色或紫褐色。

物候期: 花期3～4月, 球果10月成熟。

生境: 生于淮河以北的石灰岩山地、阳坡。

分布: 分布于保护区海拔340～600 m。

三尖杉科（Cephalotaxaceae）　　　　　　　　　　三尖杉属（*Cephalotaxus*）

三尖杉 *Cephalotaxus fortunei*

　　形态特征： 乔木。树皮褐色或红褐色，裂成片状脱落；枝条较细长，稍下垂；树冠广圆形。叶片排成2列，披针状条形，通常微弯，上部渐窄，先端有渐尖的长尖头，基部楔形，上面深绿色，中脉隆起，下面气孔带白色，较绿色边带宽3~5倍。雄球花8~10聚生成头状，总花梗粗；雌球花的胚珠3~8枚发育成种子。种子卵形或近圆球形，假种皮成熟时紫色或红紫色，顶端有小尖头。

　　物候期： 花期4月，种子8~10月成熟。

　　生境： 生于针阔叶混交林中。

　　分布： 分布于保护区海拔700~1600 m。

红豆杉科 (Taxaceae)   三尖杉属 (*Cephalotaxus*)

篦子三尖杉 *Cephalotaxus oliveri*

形态特征： 乔木。树皮灰褐色。叶片线形，质硬，平展成2列，排列紧密，通常中部以上向上方微弯，稀直伸，基部截形，几无柄，先端凸尖或微凸尖，上面微拱圆；中脉不明显或稍隆起，或中下部较明显，叶下面气孔带为白色，较绿色边带宽1~2倍，下表皮无明显的角质突起。雄球花6~7聚生成头状花序；雌球花的胚珠通常1~2发育成种子。种子卵圆形或近球形，顶端中央有小凸尖。

物候期： 花期3~4月，种子8~10月成熟。

生境： 生于阔叶林或针叶林内。

分布： 分布于保护区海拔300~1600m。

红豆杉科 (Taxaceae) 红豆杉属 (*Taxus*)

红豆杉 *Taxus wallichiana* var. *chinensis*

形态特征： 乔木。树皮灰褐色、红褐色或暗褐色，裂成条片脱落；大枝开展，一年生枝绿色或淡黄绿色，秋季变成绿黄色或淡红褐色，二三年生枝黄褐色、淡红褐色或灰褐色；冬芽黄褐色、淡褐色或红褐色，有光泽，芽鳞三角状卵形。叶片排列成2列，条形，微弯或较直。雄球花淡黄色。种子常卵圆形。

物候期： 花期4~5月，种子9~10月成熟。

生境： 常生于高山上部。

分布： 分布于保护区海拔1000~2100m。

红豆杉科（Taxaceae）   红豆杉属（*Taxus*）

红豆杉 *Taxus wallichiana* var. *chinensis*

红豆杉科 (Taxaceae)　　　　　　　　　　　　　　　　　　　　　红豆杉属 (*Taxus*)

南方红豆杉 *Taxus wallichiana* var. *mairei*

形态特征： 乔木。树皮灰褐色，裂成条片状脱落。叶片常较宽长，多呈弯镰状，下面中脉带上无角质乳头状突起点，或局部有成片或零星分布的角质乳头状突起点，或与气孔带相邻的中脉带两边有一至数个角质乳头状突起点，中脉带明晰可见，其色泽与气孔带相异，呈淡黄绿色或绿色，绿色边带较宽而明显。种子通常较大，微扁，多呈倒卵圆形。

　　物候期： 花期4～5月，果期6～11月。

　　生境： 生于山脚腹地较为潮湿处。

　　分布： 分布于保护区海拔1000～1200 m。

4

被子植物双子叶植物
离瓣花类

三白草科 (Saururaceae)　　　　　　　　　　　　蕺菜属 (*Houttuynia*)

蕺菜　*Houttuynia cordata*

形态特征：腥臭草本。茎下部伏地，节上轮生小根，上部直立，无毛或节上被毛，有时带紫红色。叶柄无毛；叶片薄纸质、有腺点、卵形或阔卵形，顶端钝，且常有缘毛，略抱茎，两面有时除叶脉被毛外余均无毛，背面常呈紫红色。总苞片长圆形或倒卵形，顶端钝圆。蒴果顶端有宿存的花柱。

物候期：花期4～6月，果期7～10月。

生境：生于沟边、溪边或林下湿地上。

分布：分布于保护区海拔300～2400m。

金粟兰科 (Chloranthaceae)　　　　　　　　　　　　　金粟兰属 (*Chloranthus*)

宽叶金粟兰　*Chloranthus henryi*

形态特征：多年生草本。根状茎粗壮，黑褐色，具多数细长的棕色须根。茎直立，单生或数个丛生。叶对生，纸质，宽椭圆形、卵状椭圆形或倒卵形，边缘具锯齿，齿端有一腺体，背面中脉、侧脉有鳞屑状毛；鳞状叶卵状三角形，膜质；托叶小，钻形。苞片通常宽卵状三角形或近半圆形。花白色。核果球形，具短柄。

物候期：花期4~6月，果期7~8月。

生境：生于山坡林下阴湿地或路边灌丛中。

分布：分布于保护区海拔750~1900m。

杨柳科 (Salicaceae)　　　　　　　　　　　　山桐子属 (*Idesia*)

山桐子　*Idesia polycarpa*

形态特征： 落叶乔木。幼枝疏被柔毛。叶互生，卵圆形或卵形，掌状5出脉，疏生锯齿。圆锥花序顶生或腋生，下垂；花单性，雌雄异株，花下位，萼片长圆形，无花瓣。浆果红色，球形。种子卵圆形；子叶圆形。

物候期： 花期4～5月，果期6～11月。

生境： 生于低山区的山坡、山洼等落叶阔叶林和针阔叶混交林中。

分布： 分布于保护区海拔400～2500 m。

杨柳科 (Salicaceae) 　　　　　　　　　杨属 (*Populus*)

大叶杨　*Populus lasiocarpa*

形态特征： 乔木。树冠塔形或圆形；树皮暗灰色，纵裂；枝粗壮而稀疏，黄褐色或稀紫褐色，有棱脊。叶卵形，常具2腺点，边缘具反卷的圆腺锯齿，上面光滑亮绿色，近基部密被柔毛，下面淡绿色，具柔毛，沿脉尤为显著；叶柄圆，有毛，通常与中脉同为红色。蒴果卵形，密被绒毛。种子棒状，暗褐色。

物候期： 花期4～5月，果期5～6月。

生境： 生于山坡或沿溪林中或灌丛中。

分布： 分布于保护区海拔1300～3005m。

杨柳科 (Salicaceae)　　　　　　　　　　柞木属 (*Xylosma*)

柞木　*Xylosma congesta*

形态特征： 常绿灌木或小乔木，有棘刺。树皮棕灰色；幼枝弯曲，有短柔毛。叶片薄革质，椭圆形，近无毛，干后红棕色。总状花序腋生；苞片披针形，外面有毛，内面无毛，边缘有睫毛；花小，花梗极短，花萼卵形。浆果黑色，球形。种子卵形。

物候期： 花期6～7月，果期10～11月。

生境： 生于山坡疏林中。

分布： 分布于保护区海拔1050～1200 m。

胡桃科（Juglandaceae）

胡桃属（*Juglans*）

胡桃楸 *Juglans mandshurica*

形态特征： 乔木。树皮灰色。奇数羽状复叶，具15～23小叶；小叶椭圆形、长椭圆形、卵状椭圆形或长椭圆状披针形，具细锯齿，上面初疏被短柔毛，后仅中脉被毛，下面被平伏柔毛及星状毛。雄柔荑花序；雌穗状花序。果实球形、卵圆形或椭圆状卵圆形，顶端尖，密被腺毛。

物候期： 花期5月，果期8～9月。

生境： 多生于土质肥厚、湿润、排水良好的沟谷两旁或山坡的阔叶林中。

分布： 分布于保护区海拔400～800m。

胡桃科 (Juglandaceae)　　　　　　　　　　　　　　　　　化香树属 (*Platycarya*)

化香树　*Platycarya strobilacea*

形态特征: 高大落叶乔木。奇数羽状复叶,具3~23小叶;小叶纸质,卵状披针形或长椭圆状披针形,具锯齿。两性花序常单生,雌花序位于下部,雄花序位于上部。果序卵状椭圆形或长椭圆状圆柱形,苞片宿存。种子卵圆形;种皮黄褐色,膜质。

物候期: 花期5~6月,果期7~8月。

生境: 常生于向阳山坡及杂木林中。

分布: 分布于保护区海拔600~2200 m。

胡桃科 (Juglandaceae)　　　　　　　　　　　　　枫杨属 (*Pterocarya*)

湖北枫杨　*Pterocarya hupehensis*

形态特征： 乔木。小枝深灰褐色，无毛或被稀疏的短柔毛，皮孔灰黄色；芽具柄，裸出，黄褐色，密被腺体。奇数羽状复叶；叶柄无毛；小叶纸质，叶缘具单锯齿，上面暗绿色，下面浅绿色。雄花序3～5条，具短而粗的花序轴；雌花序顶生，下垂。果序轴近于无毛或有稀疏短柔毛。果翅阔，椭圆状卵形。

物候期： 花期4～5月，果期8月。

生境： 生于靠河溪岸边、湿润的森林中。

分布： 分布于保护区海拔700～1100m。

胡桃科 (Juglandaceae)　　　　　　　　　　　　　　　枫杨属 (*Pterocarya*)

枫杨　*Pterocarya stenoptera*

形态特征: 高大乔木。偶数,少有奇数羽状复叶,叶轴具窄翅;小叶多枚,无柄,长椭圆形或长椭圆状披针形,具内弯细锯齿。雌柔荑花序顶生,花序轴密被星状毛及单毛;雌花苞片无毛或近无毛。果实长椭圆形,基部被星状毛;果翅条状长圆形。

物候期: 花期4~5月,果期8~9月。

生境: 生于溪涧河滩边、阴湿山坡地的林中。

分布: 分布于保护区海拔240~1500m。

桦木科 (Betulaceae)　　　　　　　　　　　　　　　　桤木属 (*Alnus*)

江南桤木　*Alnus trabeculosa*

形态特征： 乔木。树皮灰色或灰褐色，平滑；枝条暗灰褐色，无毛；小枝黄褐色或褐色，无毛或被黄褐色短柔毛；芽具柄，具2枚光滑的芽鳞。短枝和长枝上的叶大多数均为倒卵状矩圆形、倒披针状矩圆形或矩圆形，边缘具不规则疏细齿，上面无毛，下面具腺点，脉腋间具簇生的髯毛。果序矩圆形。

物候期： 花期2~3月，果期秋季。

生境： 生于山谷或河谷的林中、岸边或村落附近。

分布： 分布于保护区海拔300~1000 m。

桦木科 (Betulaceae)   桦木属 (*Betula*)

红桦 *Betula albosinensis*

形态特征: 乔木。树皮橙红色,有光泽,纸质,薄片剥落;小枝无毛,有时疏被树脂腺体。叶卵形、卵状椭圆形或卵状长圆形,上面无毛,下面密被树脂腺点及稀疏长柔毛,具不规则骤尖重锯齿。苞片中裂片长圆形或披针形,侧裂片开展,近圆形。小坚果卵形,膜质翅与果近等宽。

物候期: 花期4~5月,果期6~7月。

生境: 常生于山坡杂木林中。

分布: 分布于保护区海拔1000~3005m。

桦木科 (Betulaceae) 桦木属 (*Betula*)

狭翅桦 *Betula fargesii*

形态特征： 乔木。树皮暗灰色；小枝疏被柔毛。叶纸质，卵形或卵状披针形，先端尖或渐尖，基部圆，上面疏被柔毛，下面沿叶脉被长柔毛，具不规则骤尖重锯齿；侧脉 9 ~ 11 对；叶柄被柔毛。果苞的侧裂片较中裂片稍短。

物候期： 花期 5 月，果期 7 ~ 8 月。

生境： 生于山坡密林内、山顶灌丛及岩缝中。

分布： 分布于保护区海拔 1500 ~ 2600 m。

桦木科 (Betulaceae) 　　　　　　　　　　　　　　　桦木属 (*Betula*)

亮叶桦　*Betula luminifera*

形态特征: 乔木。树皮红褐色或暗黄灰色,坚固致密,平滑;枝条红褐色,无毛,有蜡质白粉;小枝黄褐色,密被淡黄色短柔毛。叶矩圆形、宽矩圆形、矩圆披针形,边缘具不规则的刺毛状重锯齿,叶上面仅幼时密被短柔毛,下面密生树脂腺点,沿脉疏生长柔毛;叶柄密被短柔毛及腺点。小坚果倒卵形,疏被短柔毛。

物候期: 花期3月下旬至4月上旬,果期5月至6月上旬。

生境: 生于阳坡杂木林内。

分布: 分布于保护区海拔500~2500m。

桦木科 (Betulaceae) 　　　　　　　　　　　　　　榛属 (*Corylus*)

藏刺榛 *Corylus ferox* var. *thibetica*

形态特征： 乔木或小乔木。树皮灰黑色或灰色；枝条灰褐色或暗灰色，无毛；小枝褐色，疏被长柔毛，基部密生黄色长柔毛。叶为宽椭圆形或宽倒卵形，很少矩圆形；果实3～6枚簇生，果苞背面具或疏或密刺状腺体，针刺状裂片疏被毛至几无毛。

物候期： 花期5月，果期7～8月。

生境： 生于林中。

分布： 分布于保护区海拔1500～3000 m。

壳斗科 (Fagaceae)　　　　　　　　　　　栗属 (*Castanea*)

锥栗　*Castanea henryi*

形态特征:高大乔木。小枝暗紫褐色。叶长圆形或披针形，叶背无毛，但嫩叶有黄色鳞腺且在叶脉两侧有疏长毛。雄花序有花 1～5；每壳斗有雌花 1（偶有 2 或 3），仅 1 花（稀 2 或 3）发育结实。成熟壳斗近圆球形，刺或密或稍疏生；坚果顶部有伏毛。

物候期:花期 5～7 月，果期 9～10 月。

生境: 生于丘陵与山地，多见于常绿落叶阔叶混交林中。

分布: 分布于保护区海拔 240～1800 m。

壳斗科（Fagaceae） 栗属（*Castanea*）

栗 *Castanea mollissima*

形态特征： 高大乔木。小枝灰褐色，托叶长圆形，被疏长毛及鳞腺。叶椭圆形至长圆形，新生叶的基部常狭楔尖且两侧对称，叶背被星芒状伏贴绒毛或因毛脱落而变为几无毛。成熟壳斗的锐刺有长有短，有疏有密，密时全遮蔽壳斗外壁，疏时则外壁可见。

物候期： 花期4～6月，果期8～10月。

生境： 生于山地。

分布： 分布于保护区海拔240～2800m。

壳斗科 (Fagaceae)　　　　　　　　　　　　　　　　　水青冈属 (*Fagus*)

米心水青冈 *Fagus engleriana*

形态特征: 乔木。小枝的皮孔近圆形。叶菱状卵形,稀较小或更大,叶缘波浪状,新生嫩叶的中脉被有光泽的长伏毛,果期的叶几无毛或仅叶背沿中脉两侧有稀疏长毛。壳斗裂瓣位于壳壁下部的小苞片狭倒披针形,叶状、绿色,有中脉及支脉,无毛;坚果脊棱的顶部有狭而稍下延的薄翅。

物候期: 花期4～5月,果期8～10月。

生境: 生于山地林中,常见于常绿落叶阔叶混交林中。

分布: 分布于保护区海拔1500～2500m。

壳斗科 (Fagaceae)　　　　　　　　　　　　　　　　　　　　　　柯属 (*Lithocarpus*)

短穗柯　*Lithocarpus brachystachyus*

　　形态特征： 乔木。芽鳞及嫩叶干后常有暗褐色半透明油润的树脂，小枝干后暗褐色至褐黑色，皮孔稀少或不显，枝、叶无毛。叶硬革质，卵形或卵状椭圆形，全缘，中脉在叶面凸起。雄花序单穗腋生，花序轴纤细；雌花序轴有灰色毡毛状鳞秕层。壳斗浅碗状或碟状，包着坚果的底部或约1/3；坚果扁圆形或圆锥形。

　　物候期： 花期10~11月或2月，果实翌年8~10月成熟。

　　生境： 生于山地杂木林中。

　　分布： 分布于保护区海拔800~1000m。

壳斗科 (Fagaceae)　　　　　　　　　　　　　　　柯属 (*Lithocarpus*)

包果柯　*Lithocarpus cleistocarpus*

形态特征: 乔木。芽鳞干后常被树脂; 枝叶无毛。叶卵状椭圆形或长椭圆形, 先端短尖或渐尖, 基部楔形下延, 全缘, 叶下面被蜡鳞层, 带苍灰色; 侧脉8~12对。雄花序单穗或呈圆锥状。壳斗3~5成簇, 近球形, 顶部平, 被三角状鳞片, 稍下鳞片环渐不明显。果实近球形, 顶部近平, 稍突尖或微凹, 疏被伏毛, 果脐凸起, 占果面1/2~3/4。

物候期: 花期6~10月, 果实翌年秋冬成熟。

生境: 生于山地乔木或灌木林中。

分布: 分布于保护区海拔1000~1900 m。

壳斗科 (Fagaceae)　　　　　　　　　　　　　　　　　　　栎属 (*Quercus*)

匙叶栎　*Quercus dolicholepis*

　　形态特征 常绿乔木。小枝幼时被灰黄色星状柔毛，后渐脱落。叶革质，倒卵状匙形、倒卵状长椭圆形，叶缘上部有锯齿或全缘，幼叶两面有黄色单毛或束毛，老时叶背有毛或脱落；叶柄有绒毛。壳斗杯形，包着坚果 2/3 ～ 3/4；坚果卵形至近球形，顶端有绒毛。

　　物候期： 花期 3 ～ 5 月，果期翌年 10 月。

　　生境： 生于山地森林中。

　　分布： 分布于保护区海拔 500 ～ 2800 m。

壳斗科 (Fagaceae)　　　　　　　　　　　　　　　　　　栎属 (*Quercus*)

巴东栎　*Quercus engleriana*

　　形态特征： 半常绿乔木。幼枝被灰黄色绒毛，后渐脱落。叶椭圆形、卵形或卵状披针形，先端渐尖，基部宽楔形或近圆，稀浅心形，具锯齿或近全缘，幼叶两面被黄褐色短绒毛，老叶无毛或下面脉腋被簇生毛；侧脉 10 ～ 13 对；叶柄幼时被绒毛，后渐脱落。果序轴密被绒毛；坚果卵形，无毛。

　　物候期： 花期 4 ～ 5 月，果期 11 月。

　　生境： 生于山坡、山谷疏林中。

　　分布： 分布于保护区海拔 700 ～ 2700 m。

壳斗科（Fagaceae）

栎属（*Quercus*）

高山栎 *Quercus semecarpifolia*

形态特征：常绿乔木。小枝幼时被星状毛，后渐脱落，具长圆形皮孔。叶片椭圆形或长椭圆形，全缘或具刺状锯齿，叶面无毛或有稀疏星状毛，叶背被棕色星状毛及糠秕状粉末，侧脉每边 8～14 条。雄花序生于新枝基部，除花序轴被灰褐色长毛外均无毛。坚果近球形，无毛或近顶部微有毛，有时带紫褐色。

生境：生于山坡、山谷栎林或松栎林中。

分布：分布于保护区海拔 2600～3000 m。

壳斗科 (Fagaceae)　　　　　　　　　　　　　　　　　栎属 (*Quercus*)

枹栎　*Quercus serrata*

形态特征: 落叶乔木。树皮灰褐色, 深纵裂; 幼枝被柔毛, 不久即脱落。叶片薄革质, 倒卵形或倒卵状椭圆形, 叶缘有腺状锯齿, 幼时被伏贴单毛, 老时及叶背被平伏单毛或无毛; 叶柄无毛。雄花序轴密被白毛。壳斗杯状, 包着坚果1/4~1/3; 坚果卵形至卵圆形。

物候期: 花期3~4月, 果期9~10月。

生境: 生于山地或沟谷林中。

分布: 分布于保护区海拔250~2000 m。

壳斗科 (Fagaceae)　　　　　　　　　　　　　　　　　　　栎属 (*Quercus*)

刺叶高山栎　*Quercus spinosa*

形态特征： 常绿乔木或灌木。小枝幼时被黄色星状毛，后渐脱落。叶面皱褶不平，叶片倒卵形、椭圆形，叶缘有刺状锯齿或全缘，幼叶两面被腺状单毛和束毛，老叶仅叶背中脉下段被灰黄色星状毛，其余无毛，中脉、侧脉在叶面均凹陷。雄花序轴被疏毛。壳斗杯形，包着坚果 1/4 ～ 1/3；坚果卵形至椭圆形。

物候期： 花期 5 ～ 6 月，果期翌年 9 ～ 10 月。

生境： 生于山坡、山谷森林中，常生于裸露的峭壁上。

分布： 分布于保护区海拔 900 ～ 3000 m。

壳斗科 (Fagaceae) 栎属 (*Quercus*)

栓皮栎 *Quercus variabilis*

形态特征: 落叶乔木。树皮黑褐色,深纵裂,木栓层发达;小枝灰棕色,无毛。叶片卵状披针形或长椭圆形,叶缘具刺芒状锯齿,叶背密被灰白色星状绒毛。雄花序轴密被褐色绒毛;雌花序生于新枝上端叶腋。壳斗杯形,包着坚果2/3;坚果近球形或宽卵形。

物候期: 花期3~4月,果期翌年9~10月。

生境: 生于阳坡。

分布: 分布于保护区海拔240~2600m。

榆科 (Ulmaceae)　　　　　　　　　　　　　榆属 (*Ulmus*)

兴山榆　*Ulmus bergmanniana*

形态特征：落叶乔木。树皮灰色，纵裂，粗糙。叶椭圆形或卵形，先端渐窄长尖或骤凸长尖，或尾状，尖头边缘有明显的锯齿，基部多少偏斜，上面幼时密生硬毛，后脱落无毛，下面除脉腋有簇生毛外，余处无毛，侧脉每边17~26条，边缘具重锯齿，叶柄无毛。花自花芽抽出，在去年生枝上排成簇状聚伞花序。翅果宽倒卵形或近圆形。

物候期：花期3~4月，果期4~5月。

生境：多生于低海拔地区山坡林缘、沟边、住宅近旁。

分布：分布于保护区海拔240~600m。

兴山榆

桑科 (Moraceae)

构属 (*Broussonetia*)

楮　*Broussonetia kazinoki*

形态特征 灌木。小枝斜上，幼时被毛，长大后脱落。叶卵形至斜卵形，边缘具三角形锯齿，不裂或3裂，表面粗糙，背面近无毛；托叶小，线状披针形，渐尖。花雌雄同株；雄花序圆形头状，裂片三角形，外面被毛；雌花序球形，被柔毛。聚花果球形；瘦果扁球形，外果皮壳质，表面具瘤体。

物候期： 花期4～5月，果期5～6月。

生境： 多生于低海拔地区山坡林缘、沟边、住宅近旁。

分布： 分布于保护区海拔240～600m。

桑科 (Moraceae)　　　　　　　　　　　　　　构属 (*Broussonetia*)

构 *Broussonetia papyrifera*

形态特征： 高大乔木或灌木。小枝密被灰色粗毛。叶宽卵形或长椭圆状卵形，先端尖，基部近心形、平截或圆，具粗锯齿，不裂至5裂多型，上面粗糙，基出脉3。花雌雄异株，雄花序粗，花被4裂；雌花序头状。聚花果成熟时橙红色，肉质；瘦果具与小果等长的柄，表面有小瘤，龙骨双层，外果皮壳质。

物候期： 花期4～5月，果期6～7月。

生境： 生于山坡林缘或村寨道旁。

分布： 分布于保护区海拔300～1580m。

桑科（Moraceae） 水蛇麻属(*Fatoua*)

水蛇麻 *Fatoua villosa*

形态特征：一年生草本。枝直立，纤细，少分枝或不分枝，幼时绿色后变黑色，微被长柔毛。叶膜质，卵圆形至宽卵圆形，边缘锯齿三角形，微钝，两面被粗糙贴伏柔毛；叶片在基部稍下延成叶柄。花单性，聚伞花序腋生。瘦果略扁，具三棱，表面散生细小瘤体。

物候期：花期 5 ～ 8 月，果期 9 ～ 10 月。

生境：多生于荒地或道旁，或岩石及灌丛中。

分布：分布于保护区海拔 250 ～ 850m。

桑科 (Moraceae)　　　　　　　　　　　　　　　　榕属 (*Ficus*)

异叶榕　*Ficus heteromorpha*

　　形态特征 落叶小乔木或灌木。树皮灰褐色。叶琴形、椭圆形或椭圆状披针形，上面稍粗糙，下面具钟乳体，全缘或微波状，红色；叶柄红色；托叶披针形。榕果对生短枝叶腋，稀单生，球形或圆锥状球形，光滑，成熟时紫黑色；瘦果光滑。

　　物候期： 花期 4～5 月，果期 5～7 月。

　　生境： 多生于山谷、坡地及林中。

　　分布： 分布于保护区海拔 700～1500 m。

大麻科 (Cannabaceae)   糙叶树属 (*Aphananthe*)

糙叶树   *Aphananthe aspera*

形态特征：落叶乔木。树皮纵裂，粗糙。叶纸质，卵形或卵状椭圆形，基出脉3，侧生的1对伸达中部边缘，侧脉6～10对，伸达齿尖，锯齿锐尖，上面被平伏刚毛，下面疏被平伏细毛；叶柄被平伏细毛；托叶膜质，线形。核果近球形、椭圆形或卵状球形，被平伏细毛，具宿存花被及柱头。

物候期：花期3～5月，果期8～10月。

生境：生于山谷、溪边林中。

分布：分布于保护区海拔500～1000m。

大麻科 (Cannabaceae)

葎草属 *(Humulus)*

葎草 *Humulus scandens*

形态特征： 缠绕草本。茎、枝、叶柄均具倒钩刺。叶纸质，肾状五角形，掌状5～7深裂，稀为3裂，基部心形，表面粗糙，疏生糙伏毛，背面有柔毛和黄色腺体，裂片卵状三角形，边缘具锯齿。雄花小，黄绿色，圆锥花序；雌花序球果状，苞片纸质，三角形，具白色绒毛。瘦果成熟时露出苞片外。

物候期： 花期春夏季，果期秋季。

生境： 常生于沟边、荒地、废墟、林缘边。

分布： 分布于保护区海拔300～800m。

荨麻科 (Urticaceae)　　　　　　　　　　　　　　苎麻属 (*Boehmeria*)

序叶苎麻 *Boehmeria clidemioides* var. *diffusa*

形态特征：多年生草本或亚灌木。叶互生，或茎下部少数叶对生，同一对叶常不等大；叶片纸质，卵形至长圆形，顶端长渐尖，基部圆形稍偏斜，中部以上具齿。团伞花序单生叶腋，或组成穗状花序，通常雌雄异株，顶部有2~4狭卵形叶；花被片椭圆形至狭倒卵形。

物候期：花期6~8月，果期8~10月。

生境：生于丘陵或低山山谷林中、林边、灌丛中、草坡或溪边。

分布：分布于保护区海拔300~1700 m。

荨麻科 (Urticaceae)　　　　　　　　　　　苎麻属 (*Boehmeria*)

小赤麻　*Boehmeria spicata*

形态特征: 多年生草本或亚灌木。茎常分枝, 疏被短伏毛或近无毛。叶对生; 叶片薄草质, 卵状菱形或卵状宽菱形, 两面疏被短伏毛或近无毛。穗状花序单生叶腋, 雌雄异株, 或雌雄同株, 雄花无梗: 花被片椭圆形, 下部合生, 外面有稀疏短毛。

物候期: 花期6~8月, 果期9~10月。

生境: 生于丘陵或低山草坡、石上、沟边。

分布: 分布于保护区海拔260~1600 m。

荨麻科 (Urticaceae)　　　　　　　　　　水麻属(*Debregeasia*)

长叶水麻　*Debregeasia longifolia*

形态特征: 小乔木或灌木,高3~6米。小枝棕红色或褐紫色。叶长圆状近条形,边缘具细牙齿或细锯齿,上面深绿色,有泡状隆起,下面灰绿色,在脉上密生灰色或褐色粗毛,基出脉3条,侧脉5~8对;托叶长圆状披针形。花序雌雄异株,稀同株,雄花微扁球形,具短梗,花被片4,雄蕊4枚,退化雌蕊倒卵珠形,密生雪白色的长绵毛。雌花倒卵珠形,顶端4齿。瘦果带红色或金黄色,干时变铁锈色。

物候期: 花期7~9月,果期9月至次年2月。

生境: 生于丘陵或低山草坡、石上、沟边。

分布: 分布于保护区海拔260~1600 m。

长叶水麻

荨麻科（Urticaceae）　　　　　　　　　　　　　　　　　　　　　　**水麻属**(*Debregeasia*)

水麻　*Debregeasia orientalis*

　　形态特征: 灌木。小枝纤细，暗红色，常被贴生的白色短柔毛。叶纸质或薄纸质，干时硬膜质，长圆状狭披针形或条状披针形，上面暗绿色，常有泡状隆起，疏生短糙毛，钟乳体点状，背面被白色或灰绿色毡毛；叶柄短；托叶披针形。花雌雄异株，稀同株；苞片宽倒卵形。瘦果小浆果状，倒卵形，鲜时橙黄色。

　　物候期: 花期3~4月，果期5~7月。

　　生境: 常生于溪谷河流两岸潮湿地区。

　　分布: 分布于保护区海拔300~2800 m。

荨麻科 (Urticaceae)   楼梯草属 (*Elatostema*)

梨序楼梯草   *Elatostema ficoides*

形态特征: 多年生草本,茎无毛。叶片薄草质,顶端突渐尖,叶脉羽状;托叶膜质,无毛。花雌雄同株或异株;花被片长圆形;苞片正三角形、狭卵形或三角形,边缘有疏睫毛;小苞片多数,密集,狭条形或匙状条形,上部密被短睫毛。

    物候期: 花期 8 ~ 9 月,果期 9~10 月。

    生境: 生于山谷林中、灌丛中或沟边阴湿处或石上。

    分布: 分布于保护区海拔 900 ~ 1800 m。

荨麻科（Urticaceae）　　　　　　　　　　　　　　　楼梯草属（*Elatostema*）

宜昌楼梯草　*Elatostema ichangense*

形态特征: 多年生草本,干后稍黑色。茎不分枝,无毛。叶斜倒卵状长圆形,先端尾尖,尖头全缘,基部窄侧楔形或钝,宽侧钝或圆,上部疏生浅锯齿,叶脉半离基3出或近3出;叶柄无毛。花雌雄异株或同株。瘦果椭圆状球形,具8纵肋。

物候期: 花期8~9月,果期9~10月。

生境: 生于山地常绿阔叶林中或石上。

分布: 分布于保护区海拔380~1100 m。

荨麻科 (Urticaceae)　　　　　　　　　　　　　楼梯草属 (*Elatostema*)

楼梯草　*Elatostema involucratum*

形态特征: 多年生草本。茎不分枝或具1分枝,无毛,稀上部疏被毛。叶无柄或近无柄,斜倒披针状长圆形或斜长圆形,边缘具锯齿。花雌雄同株或异株;花序托常不明显。

物候期: 花期5~7月,果期8~10月。

生境: 生于山谷沟边石上、林中或灌丛。

分布: 分布于保护区海拔1000~2000 m。

荨麻科 (Urticaceae)　　　　　　　　　　　　　　楼梯草属 (*Elatostema*)

钝叶楼梯草　*Elatostema obtusum*

形态特征： 草本。茎平卧或渐升，被反曲糙毛。叶斜倒卵形、宽侧心形或近耳形，上部疏生钝齿，无毛或上面疏被伏毛，基出脉3。花雌雄异株；雄花序具 3 ～ 7 花，花序托极小；苞片卵形；花被片倒卵形。瘦果窄卵球形，光滑。

物候期： 花期 5 ～ 7 月，果期 8~10 月。

生境： 生于山地林下、沟边或石上，常与苔藓同生。

分布： 分布于保护区海拔 300 ～ 1000 m。

荨麻科 (Urticaceae)　　　　　　　　　　　　　　楼梯草属 (*Elatostema*)

庐山楼梯草　*Elatostema stewardii*

形态特征：多年生草本。茎不分枝，无毛或近无毛，常具珠芽。叶斜椭圆状倒卵形或斜长圆形，基部宽侧耳形或圆，上部具锯齿，无毛或上面疏被糙毛；叶脉羽状，侧脉窄侧 4～6 对，宽侧 5～7 对。花雌雄异株。瘦果卵球形，纵肋不明显。

物候期：花期 7～9 月，果期 9~10 月。

生境：生于山谷沟边或林下。

分布：分布于保护区海拔 580～1400 m。

荨麻科 (Urticaceae)　　　　　　　　　　　　　　糯米团属 (*Gonostegia*)

糯米团 *Gonostegia hirta*

形态特征： 多年生草本。叶对生；叶片草质或纸质，宽披针形至狭披针形、狭卵形，稀卵形或椭圆形，边缘全缘，上面稍粗糙，有稀疏短伏毛或近无毛，下面沿脉有疏毛或近无毛，基出脉 3～5；托叶钻形。团伞花序腋生，雌雄异株；苞片三角形。瘦果卵球形，白色或黑色，有光泽。

物候期： 花期 5～8 月，果期 9～10 月。

生境： 生于丘陵或低山林中、灌丛中、沟边草地。

分布 分布于保护区海拔 300～1000 m。

荨麻科 (Urticaceae)　　　　　　　　　　　　　　　　艾麻属 (*Laportea*)

珠芽艾麻　*Laportea bulbifera*

形态特征：多年生草本。茎上部有柔毛，刺毛具短毛枕。叶卵形或披针形，稀宽卵形，边缘具锯齿，两面被糙伏毛和稀疏刺毛，下面浅绿色，钟乳体细点状；基出脉3。花序圆锥状；雄花序生于茎上部叶腋，雌花序生于茎顶或近顶部叶腋。瘦果圆倒卵形或近半圆形，有紫褐色斑点。

物候期：花期6～8月，果期8～12月。

生境：生于山坡林下或林缘路边半阴坡湿润处。

分布：分布于保护区海拔1000～2400m。

荨麻科 (Urticaceae)　　　　　　　　　　　　　　　**艾麻属 (Laportea)**

艾麻　*Laportea cuspidata*

形态特征: 多年生草本。茎疏生刺毛和柔毛。叶卵形、椭圆形或近圆形，具粗大锯齿，向上渐变大，两面疏生刺毛和柔毛，钟乳体细点状；基出脉3；叶柄上的托叶卵状三角形。花雌雄同株，雄花序圆锥状。瘦果卵圆形，歪斜，双凸透镜状，光滑，绿褐色。

物候期: 花期6~7月，果期8~9月。

生境: 生于山坡林下或沟边。

分布: 分布于保护区海拔800~2700 m。

荨麻科 (Urticaceae)　　　　　　　　　　假楼梯草属 (*Lecanthus*)

假楼梯草　*Lecanthus peduncularis*

形态特征: 草本。常分枝,下部常匍匐,上部被柔毛。叶卵形,稀卵状披针形,上面疏生透明硬毛,下面脉上疏生柔毛,钟乳体线形;叶柄疏被柔毛;托叶长圆形或窄卵形。花序单生叶腋。瘦果椭圆状卵形,褐灰色。

物候期: 花期7~10月,果期9~11月。

生境: 生于山谷林下阴湿处。

分布: 分布于保护区海拔1300~2700 m。

荨麻科 (Urticaceae)　　　　　　　　花点草属 (Nanocnide)

花点草　*Nanocnide japonica*

形态特征：多年生草本。茎直立，被上倾微硬毛。叶三角状卵形或近扇形，先端钝圆，基部宽楔形、圆或近平截，具4~7对圆齿或粗锯齿，上面疏生紧贴刺毛，下面疏生柔毛，基出脉3~5；托叶宽卵形。瘦果卵圆形，黄褐色有疣点。

物候期：花期4~5月，果期6~7月。

生境：生于山谷林下和石缝阴湿处。

分布：分布于保护区海拔300~1600 m。

荨麻科 (Urticaceae)　　　　　　　　花点草属 (*Nanocnide*)

毛花点草　*Nanocnide lobata*

形态特征: 一年生或多年生草本。叶宽卵形或角状卵形,上面疏生小刺毛和柔毛,下面脉上密生紧贴柔毛;叶柄在茎下部的长于叶片,茎上部的短于叶片,被下弯柔毛;托叶卵形。瘦果卵圆形,扁平,褐色。

物候期: 花期4~6月,果期6~8月。

生境: 生于山谷溪旁和石缝、路旁阴湿地区和草丛中。

分布: 分布于保护区海拔250~1400 m。

荨麻科 (Urticaceae)   赤车属 (*Pellionia*)

赤车 *Pellionia radicans*

　　形态特征：多年生草本。茎下部卧地，节处生根，上部渐升，常分枝，无毛或疏被毛。叶斜窄菱状卵形，先端渐尖，基部窄侧钝，宽侧耳形，上部具小齿。花雌雄异株。瘦果椭圆状球形，具小瘤状突起。

　　物候期：花期 5 ~ 10 月。

　　生境：生于山地山谷林下、灌丛中阴湿处或溪边。

　　分布：分布于保护区海拔 280 ~ 1500 m。

荨麻科 (Urticaceae)

赤车属 (*Pellionia*)

曲毛赤车　*Pellionia retrohispida*

形态特征: 多年生草本。叶片草质,斜椭圆形,宽侧耳形,边缘下部全缘,其上有小锯齿,上面散生短糙伏毛,下面脉上被短糙毛,钟乳体不明显,密,半离基三出脉;叶柄被糙伏毛;托叶绿色,三角形或狭三角形,有睫毛或无毛。花雌雄异株。瘦果狭卵球形,有小瘤状突起。

物候期: 花期4~6月。

生境: 生于山谷林中。

分布: 分布于保护区海拔350~1550 m。

荨麻科 (Urticaceae)　　　　　　　　　　　　　　　　　冷水花属 (*Pilea*)

圆瓣冷水花　*Pilea angulate*

形态特征: 草本。无毛, 茎肉质。叶卵状椭圆形、卵状或长圆状披针形, 边缘有粗锯齿, 钟乳体纺锤状线形, 基出脉3; 托叶绿色, 长圆形, 先端钝圆。花雌雄异株, 花序聚伞圆锥状, 常成对生于叶腋; 花被裂片倒卵状长圆形, 近先端有长喙。瘦果宽卵圆形, 顶端歪斜, 黑褐色。

物候期: 花期6~9月, 果期9~11月。

生境: 生于山坡阴湿处。

分布: 分布于保护区海拔800~2300m。

荨麻科 (Urticaceae)　　　　　　　　　　　　　冷水花属 (*Pilea*)

波缘冷水花　*Pilea cavaleriei*

形态特征：草本，无毛。根状茎匍匐，地上茎直立，多分枝，干时变为蓝绿色，密布杆状钟乳体。叶集生于枝顶部，同对的常不等大，多汁，宽卵形、菱状卵形或近圆形，边缘全缘，稀波状，上面绿色，下面灰绿色，呈蜂巢状，钟乳体仅分布于叶上面，条形，纤细；托叶小，三角形，宿存。花雌雄同株。瘦果卵形，稍扁，光滑。

物候期：花期5~8月，果期8~10月。

生境：生于林下石上阴湿处。

分布：分布于保护区海拔300~1500m。

荨麻科 (Urticaceae)　　　　　　　　　　　　　　　　　冷水花属 (*Pilea*)

疣果冷水花　*Pilea gracilis*

形态特征：多年生草本，近无毛。根状茎丛生。茎肉质，带红色。叶椭圆形或椭圆状披针形，边缘有锯齿，下面带紫红色或淡绿色；托叶宿存。花雌雄异株，花序多回二歧聚伞状。瘦果圆卵形，顶端偏斜，有细疣状突起。

物候期：花期4~5月，果期5~7月。

生境：生于山谷阴湿处。

分布：分布于保护区海拔400~1600 m。

荨麻科 (Urticaceae)　　　　　　　　　　　　　　　　　**冷水花属 (*Pilea*)**

念珠冷水花　*Pilea monilifera*

　　形态特征: 草本。茎单一或少分枝。叶椭圆形、卵状椭圆形或卵状长圆形,上面疏生白色硬毛,下面无毛,钟乳体条形;叶柄上的托叶窄三角形。花雌雄异株或同株,雄花序单生叶腋,雌花呈串珠状生于花序轴或呈穗状。瘦果卵圆形,褐色,疏生钟乳体。

　　物候期: 花期6~8月,果期7~9月。

　　生境: 生于山谷林下阴湿处。

　　分布: 分布于保护区海拔900~2400m。

荨麻科 (Urticaceae)　　　　　　　　　　　　　　　　　冷水花属 (*Pilea*)

冷水花　*Pilea notata*

形态特征: 多年生草本。茎密布线形钟乳体。叶纸质, 卵形或卵状披针形, 先端尾尖或渐尖, 基部圆, 有齿。花雌雄异株; 雄花序聚伞总状, 雌聚伞花序较短而密集。瘦果宽卵圆形, 有刺状小疣。

物候期: 花期6~9月, 果期9~11月。

生境: 生于山谷、溪旁或林下阴湿处。

分布: 分布于保护区海拔300~1500 m。

荨麻科 (Urticaceae)　　　　　　　　　　　　冷水花属 (*Pilea*)

矮冷水花　*Pilea peploides*

形态特征: 一年生草本。茎单一或少分枝。叶膜质,常集生茎顶,同对的近等大,菱状圆形,稀扁圆状菱形或三角状卵形,全缘或波状,稀上部有不明显钝齿,两面有紫褐色斑点,钟乳体线形,基出脉3。花雌雄同株,雌、雄花序常同生或单生叶腋,有时同序。瘦果卵圆形,黄褐色,光滑。

物候期: 花期4~7月,果期7~8月。

生境: 生于山坡路边阴湿处或林下阴湿处石上。

分布: 分布于保护区海拔480~1200m。

荨麻科 (Urticaceae) 冷水花属 *(Pilea)*

石筋草 *Pilea plataniflora*

形态特征： 多年生草本。茎常被灰白色蜡质。叶卵形、卵状披针形、椭圆状披针形、卵状长圆形或倒卵状长圆形，基部圆形或浅心形，全缘；叶柄上的托叶三角形。花雌雄同株或异株，稀同序；花序聚伞圆锥状，少分枝。瘦果卵圆形，顶端稍歪斜，有疣点。

物候期： 花期 (4～) 6～9月，果期7～10月。

生境： 常生于半阴坡路边灌丛中石上或石缝内，有时生于疏林下湿润处。

分布： 分布于保护区海拔280～2400 m。

荨麻科 (Urticaceae)

冷水花属 (*Pilea*)

透茎冷水花　*Pilea pumila*

形态特征: 一年生草本。茎无毛。叶近膜质,同对的近等大,菱状卵形或宽卵形,有锯齿,稀近全缘,两面疏生透明硬毛,钟乳体线形,基出脉3,侧脉不明显;托叶卵状长圆形。花雌雄同株,常同序。瘦果三角状卵圆形,扁,常有稍隆起的褐色斑。

物候期: 花期5～6月,果期7～8月。

生境: 生于山坡林下或岩石缝的阴湿处。

分布: 分布于保护区海拔400～2200m。

荨麻科 (Urticaceae)   冷水花属 (*Pilea*)

镰叶冷水花 *Pilea semisessilis*

形态特征: 多年生草本。茎无毛。叶同对的不等大，不对称，常镰状披针形，有锐锯齿或浅锯齿，上面疏生透明硬毛，下面无毛或有时在脉上疏生短柔毛，钟乳体线形；叶柄无毛；托叶卵状三角形，稀长圆形，宿存。花雌雄同株或异株，聚伞状圆锥花序单生叶腋。瘦果宽卵圆形，光滑。

物候期: 花期7～9月，果期9～10月。

生境: 生于山谷林下或山坡路边草丛中。

分布: 分布于保护区海拔1000～2800m。

荨麻科 (Urticaceae)

冷水花属 (*Pilea*)

粗齿冷水花 *Pilea sinofasciata*

形态特征: 草本。叶同对近等大,卵形、椭圆状或长圆状披针形,有10~15对粗锯齿,上面沿中脉常有2条白斑带,钟乳体在下面沿细脉排成星状,基出脉3;叶柄有短毛;托叶三角形,宿存。花雌雄异株或同株;花序聚伞圆锥状。瘦果卵圆形,宿存花被片下部合生,宽卵形,边缘膜质。

物候期: 花期6~7月,果期8~10月。

生境: 生于山坡林下阴湿处。

分布: 分布于保护区海拔700~2500m。

荨麻科 (Urticaceae) 　　　　　　　　　　　　　　　　荨麻属 (*Urtica*)

荨麻 *Urtica fissa*

形态特征: 多年生草本，有横走的根状茎。茎自基部多出，四棱形，密生刺毛和被微柔毛，分枝少。叶近膜质，宽卵形、椭圆形等，上面绿色或深绿色，疏生刺毛和糙伏毛，下面浅绿色，被稍密的短柔毛；叶柄密生刺毛和微柔毛；托叶草质，绿色，宽矩圆状卵形至矩圆形，被微柔毛和钟乳体。花雌雄同株，雌花序生于上部叶腋，雄花序生于下部叶腋，稀雌雄异株；花序圆锥状，具少数分枝。瘦果近圆形。

物候期: 花期8~10月，果期9~11月。

生境: 生于山坡、路旁或住宅旁半阴湿处。

分布: 分布于保护区海拔500~2000m。

荨麻科 (Urticaceae)   荨麻属 (*Urtica*)

裂叶荨麻　*Urtica lotabifolia*

形态特征：多年生草本，有横走的根状茎。茎自基部多出，四棱形，密生刺毛和被微柔毛，分枝少。叶近膜质，宽卵形、椭圆形、五角形或近圆形，上面绿色或深绿色，疏生刺毛和糙伏毛，下面浅绿色，被稍密的短柔毛，在脉上生较密的短柔毛和刺毛；叶柄密生刺毛和微柔毛；托叶草质，绿色，宽矩圆状卵形至矩圆形。

物候期：花期8~10月，果期9~11月。

生境：生于山坡、路旁或者住宅半阴湿处。

分布：分布于保护区海拔500~2000 m。

桑寄生科 (Loranthaceae)　　　　　　　　　　　　　**钝果寄生属 (*Taxillus*)**

川桑寄生　*Taxillus sutchuenensis*

形态特征： 灌木。嫩枝、叶密被褐色或红褐色星状毛。叶近对生或互生，革质，卵形、长卵形或椭圆形，上面无毛，下面被绒毛。总状花序；苞片卵状三角形；花红色，花托椭圆状；副萼环状，具4齿。果实椭圆形，黄绿色，果皮具颗粒状体，被疏毛。

物候期： 花期6～8月。

生境： 生于山地阔叶林中。

分布： 分布于保护区海拔500～1900 m。

桑寄生科（Loranthaceae）

钝果寄生属（*Taxillus*）

灰毛桑寄生 *Taxillus sutchuenensis* var. *duclouxii*

形态特征: 灌木。嫩枝、叶、花序和花均密被灰色星状毛, 有时具散生叠生星状毛。成长叶卵形或长卵形, 下面被灰色绒毛, 侧脉6～7对。花序具3～5花。

物候期: 花期4～7月, 果期5～10月。

生境: 生于山地阔叶林中。

分布: 分布于保护区海拔600～1600 m。

马兜铃科（Aristolochiaceae）   细辛属（*Asarum*）

双叶细辛　*Asarum caulescens*

形态特征：多年生草本。根状茎横走，有多条须根；地上茎匍匐，有1~2对叶。叶片近心形，两侧裂片顶端圆形，常向内弯接近叶柄，两面散生柔毛，叶背毛较密；叶柄无毛；芽苞叶近圆形，边缘密生睫毛。花紫色，花梗被柔毛。果实近球状。

物候期：花期4~5月，果期5~6月。

生境：生于林下腐殖土中。

分布：分布于保护区海拔1200~1700m。

马兜铃科 (Aristolochiaceae)　　　　　　　　　　　细辛属 (*Asarum*)

细辛　*Asarum heterotropoides*

形态特征: 多年生草本。根细长；根状茎横走。叶卵状心形或近肾形。花紫棕色；花被筒壶状或半球形，喉部稍缢缩，内壁具纵皱褶；花被片三角状卵形，基部反折，贴于花被筒。果实半球状。

物候期: 花期 5 月，果期 6 月。

生境: 生于山坡林下、山沟土质肥沃而阴湿地上。

分布: 分布于保护区海拔 1200 ~ 2100 m。

蛇菰科（Balanophoraceae）　　　　　　　　　　　蛇菰属（*Balanophora*）

红冬蛇菰 *Balanophora harlandii*

形态特征: 草本。根状茎苍褐色，扁球形或近球形，干时脆壳质，表面粗糙，密被小斑点，呈脑状皱褶。花茎淡红色；鳞苞片多少肉质，红色或淡红色，长圆状卵形，聚生于花茎基部，呈总苞状。花雌雄异株（序）；花序近球形或卵圆状椭圆形。

物候期: 花果期9~12月。

生境: 生于荫蔽林中较湿润的腐殖质土壤处。

分布: 分布于保护区海拔600~2100m。

蛇菰科 (Balanophoraceae)　　　　　　　　　　　蛇菰属 (*Balanophora*)

筒鞘蛇菰　*Balanophora involucrata*

形态特征：草本。根状茎肥厚，干时脆壳质，近球形，常不分枝，黄褐色，稀红棕色，密集颗粒状小疣瘤和皮孔，顶端裂鞘2～4裂，裂片呈不规则三角形或短三角形。花雌雄异株（序）；花序卵圆形。

物候期：花期7月，果期8月。

生境：生于云杉、铁杉和栎林中。

分布：分布于保护区海拔2300～2800m。

蛇菰科 (Balanophoraceae)　　　　　　　　　　　　　　　蛇菰属 (*Balanophora*)

疏花蛇菰　*Balanophora laxiflora*

形态特征: 草本。全株鲜红或暗红色，有时呈紫红色；根状茎分枝，分枝近球形，密被粗糙小斑点和皮孔。花雌雄异株（序）；雄花序圆柱状，顶端渐尖；雄花近辐射对称，疏生；无梗或近无梗；花序裂片近圆形，先端尖或稍钝圆。

物候期: 花期9～10月，果期10～11月。

生境: 生于密林中。

分布: 分布于保护区海拔660～1700m。

粟米草科 (Molluginaceae)　　　　　　　　　　粟米草属(*Trigastrotheca*)

粟米草　*Trigastrotheca stricta*

形态特征: 一年生草本。茎纤细, 多分枝, 有棱角, 无毛。叶片披针形或线状披针形, 中脉明显; 叶柄短或近无柄。花极小, 组成疏松聚伞花序; 花序梗细长; 花被片淡绿色, 椭圆形或近圆形, 边缘膜质。蒴果近球形。种子肾形, 栗色, 具多数颗粒状凸起。

物候期: 花期6~8月, 果期8~10月。

生境: 生于空旷荒地、农田和海岸沙地。

分布: 分布于保护区海拔500~700 m。

蓼科 (Polygonaceae)　　　　　　　　　　　　　　　　　　　拳参属 (*Bistorta*)

中华抱茎蓼　*Bistorta amplexicaulis* subsp. *sinensis*

形态特征: 多年生草本。根状茎横走, 紫褐色。基生叶卵形或长卵形, 边缘脉端微增厚, 稍外卷, 上面无毛, 下面有时沿叶脉被柔毛, 叶柄较叶片长或近等长; 茎生叶长卵形, 具短柄, 上部叶近无柄或抱茎, 托叶鞘褐色, 偏斜, 无缘毛。花序稀疏, 花被片狭椭圆形。瘦果椭圆形, 具3棱, 黑褐色。

物候期: 花期8～9月, 果期9～10月。

生境: 生于山坡草地或林缘。

分布: 分布于保护区海拔1200～3000m。

蓼科 (Polygonaceae)　　　　　　　　　　　拳参属 (*Bistorta*)

支柱蓼　*Bistorta suffulta*

形态特征：多年生草本。根状茎念珠状，黑褐色。基生叶卵形或长卵形，疏生短缘毛，两面无毛或疏被柔毛；茎生叶卵形，具短柄，最上部叶基部抱茎，托叶鞘膜质，褐色，偏斜，无缘毛。穗状花序；苞片长卵形，膜质；花被5深裂，白色或淡红色，花被片倒卵形或椭圆形。瘦果宽椭圆形，具3棱，黄褐色。

物候期：花期6~7月，果期7~10月。

生境：生于山坡路旁、林下湿地及沟边。

分布：分布于保护区海拔1300~2500m。

蓼科 (Polygonaceae) 荞麦属 (*Fagopyrum*)

金荞麦 *Fagopyrum dibotrys*

形态特征： 多年生草本。根状茎木质化，黑褐色。茎直立，具纵棱，无毛，有时一侧沿棱被柔毛。叶三角形，边缘全缘，两面具乳头状突起或被柔毛；托叶鞘筒状，膜质，褐色，无缘毛。花序伞房状，顶生或腋生；苞片卵状披针形，边缘膜质；花梗中部具关节，与苞片近等长；花被5深裂，白色，花被片长椭圆形。瘦果宽卵形，具3锐棱，黑褐色，无光泽。

物候期： 花期7～9月，果期8～10月。

生境： 生于山谷湿地、山坡灌丛。

分布： 分布于保护区海拔250～2800 m。

蓼科 (Polygonaceae)   何首乌属 (*Fallopia*)

何首乌 *Fallopia multiflora*

形态特征: 多年生草本。块根肥厚,长椭圆形,黑褐色;茎缠绕,多分枝,具纵棱,无毛,下部木质化。叶卵形或长卵形,两面粗糙,边缘全缘。花序圆锥状,顶生或腋生;苞片三角状卵形,具小突起;花被5深裂,白色或淡绿色,花被片椭圆形。瘦果卵形,具3棱,黑褐色。

物候期: 花期8~9月,果期9~10月。

生境: 生于山谷灌丛、山坡林下、沟边石隙。

分布: 分布于保护区海拔200~3000m。

蓼科 (Polygonaceae)　　　　　　　　　　　　　　　　　　蓼属 (*Persicaria*)

头花蓼 *Persicaria capitata*

形态特征： 多年生草本。茎匍匐，丛生，基部木质化，节部生根。叶卵形或椭圆形，全缘，边缘具腺毛，两面疏生腺毛，上面有时具黑褐色新月形斑点；叶柄基部有时具叶耳。花序头状，单生或成对，顶生；苞片长卵形，膜质；花被5深裂，淡红色，花被片椭圆形。瘦果长卵形，具3棱，黑褐色，密生小点，微有光泽。

物候期： 花期6～9月，果期8～10月。

生境： 生于山坡、山谷或湿地，常成片生长。

分布： 分布于保护区海拔600～3005m。

蓼科 (Polygonaceae)　　　　　　　　　　　　　　　　　蓼属 (Persicaria)

酸模叶蓼　*Persicaria lapathifolium*

形态特征: 一年生草本。茎直立,具分枝,无毛,节部膨大。叶披针形或宽披针形,上面绿色,全缘,边缘具粗缘毛;叶柄短,具短硬伏毛;托叶鞘筒状,膜质,淡褐色。总状花序呈穗状,顶生或腋生;苞片漏斗状,边缘具稀疏短缘毛;花被淡红色或白色。瘦果宽卵形,黑褐色,有光泽。

物候期: 花期6~8月,果期7~9月。

生境: 生于田边、路旁、水边、荒地或沟边湿地。

分布: 分布于保护区海拔300~2600m。

蓼科 (Polygonaceae)　　　　　　　　　　　　　　　　蓼属 (*Persicaria*)

尼泊尔蓼　*Persicaria nepalensis*

形态特征： 一年生草本。茎外倾或斜上，自基部多分枝。茎下部叶卵形或三角状卵形，沿叶柄下延成翅，两面无毛或疏被刺毛，疏生黄色透明腺点；茎上部叶较小；托叶鞘筒状，膜质，淡褐色。花序头状，顶生或腋生；苞片卵状椭圆形，通常无毛，边缘膜质；花被通常4裂，淡紫红色或白色，花被片长圆形。瘦果宽卵形，黑色，无光泽。

物候期： 花期5～8月，果期7～10月。

生境： 生于山坡草地、山谷路旁。

分布： 分布于保护区海拔280～3000m。

蓼科 (Polygonaceae)   蓼属 (*Persicaria*)

羽叶蓼 *Persicaria runcinata*

形态特征: 多年生草本, 具根状茎。茎近直立或上升, 具纵棱, 有毛或近无毛。叶羽裂, 顶生裂片较大, 三角状卵形, 两面疏生糙伏毛, 具短缘毛; 托叶鞘膜质, 筒状, 松散, 有柔毛。花序头状, 紧密, 顶生, 通常成对; 苞片长卵形, 边缘膜质; 花被5深裂, 淡红色或白色, 花被片长卵形。瘦果卵形, 具3棱, 黑褐色, 无光泽。

物候期: 花期4~8月, 果期6~10月。

生境: 生于山坡草地、山谷路旁。

分布: 分布于保护区海拔1000~2500m。

蓼科 (Polygonaceae)　　　　　　　　　　　　　　　　　　　蓼属 (*Persicaria*)

戟叶蓼　*Persicaria thunbergii*

形态特征： 一年生草本。茎直立或上升，具纵棱，沿棱具倒生皮刺，基部外倾，节部生根。叶戟形，两面疏生刺毛，极少具稀疏的星状毛，边缘具短缘毛；托叶鞘膜质，边缘具叶状翅。花序头状，顶生或腋生；苞片披针形，顶端渐尖，边缘具缘毛；花梗无毛；花被5深裂，淡红色或白色，花被片椭圆形。瘦果宽卵形，具3棱，黄褐色，无光泽。

物候期： 花期7~9月，果期8~10月。

生境： 生于山谷湿地、山坡草丛。

分布： 分布于保护区海拔900~2400m。

蓼科 (Polygonaceae)　　　　　　　　　　　　虎杖属 (*Reynoutria*)

虎杖　*Reynoutria japonica*

形态特征: 多年生草本。根状茎粗壮,横走。茎直立,粗壮,空心,具明显的纵棱。叶宽卵形或卵状椭圆形,近革质,边缘全缘,疏生小突起,两面无毛,沿叶脉具小突起;托叶鞘膜质,偏斜,褐色,具纵脉。花单性,雌雄异株;花序圆锥状,腋生;花被5深裂,淡绿色。瘦果卵形,具3棱,黑褐色,有光泽。

物候期: 花期8~9月,果期9~10月。

生境: 生于山坡灌丛、山谷、路旁、田边湿地。

分布: 分布于保护区海拔240~2000 m。

蓼科 (Polygonaceae)   酸模属 (*Rumex*)

酸模　*Rumex acetosa*

形态特征: 多年生草本。根为须根。茎直立,具深沟槽,通常不分枝。基生叶和茎下部叶箭形,全缘或微波状;茎上部叶较小,具短叶柄或无柄;托叶鞘膜质,易破裂。花序狭圆锥状,顶生;花单性,雌雄异株;雄花内花被片椭圆形,外花被片较小;雌花内花被片近圆形,全缘,基部心形,网脉明显,外花被片椭圆形,反折。瘦果椭圆形,具3锐棱,黑褐色,有光泽。

物候期: 花期5~7月,果期6~8月。

生境: 生于山坡、林缘、沟边、路旁。

分布: 分布于保护区海拔400~3000m。

苋科（Amaranthaceae）　　　　　　　　　牛膝属（*Achyranthes*）

土牛膝　*Achyranthes aspera*

　　形态特征：多年生草本。茎四棱形，被柔毛，节部稍膨大，分枝对生。叶椭圆形或长圆形，先端渐尖，基部楔形，全缘或波状，两面被柔毛，或近无毛；叶柄密被柔毛或近无毛。穗状花序顶生，直立，花期后反折；花序梗密被白色柔毛；苞片披针形，小苞片刺状。胞果卵形。种子卵形，褐色。

　　物候期：花期 6～8 月，果期 10 月。

　　生境：生于山坡疏林或村庄附近空旷地。

　　分布：分布于保护区海拔 800～2300m。

苋科（Amaranthaceae）

牛膝属（*Achyranthes*）

牛膝 *Achyranthes bidentata*

形态特征：多年生草本。茎有棱角或四方形；枝几无毛，节部膝状膨大，有分枝。叶椭圆形或椭圆披针形，基部楔形或宽楔形。花被片5，绿色；雄蕊5，基部合生，退化雄蕊顶端平圆，具缺刻状细齿。胞果矩圆形，黄褐色，光滑。种子矩圆形，黄褐色。

物候期：花期7~9月，果期9~10月。

生境：生于山坡林下。

分布：分布于保护区海拔300~1750m。

苋科（Amaranthaceae）　　　　　　　　　　　　　青葙属 (*Celosia*)

青葙　*Celosia argentea*

形态特征：一年生草本，全株无毛。叶长圆状披针形、披针形或披针状条形，绿色常带红色。塔状或圆柱状穗状花序不分枝；苞片及小苞片披针形，白色，先端渐尖成细芒，具中脉；花被片长圆状披针形，花初为白色顶端带红色，或全部粉红色，后白色。胞果卵形。种子肾形，扁平，双凸。

物候期：花期 5 ~ 8 月，果期 6 ~ 10 月。

生境：生于田边、山坡等地。

分布：分布于保护区海拔 1100 ~ 3005 m。

商陆科 (Phytolaccaceae)

商陆属 (*Phytolacca*)

商陆 *Phytolacca acinosa*

形态特征： 多年生草本。全株无毛；根肉质，倒圆锥形；茎肉质，绿色或红紫色，多分枝。叶薄纸质，椭圆形或披针状椭圆形。总状花序圆柱状，直立，多花密生，两性；花被片5，白色或黄绿色，椭圆形或卵形。果序直立，浆果扁球形，紫黑色。种子肾形，黑色。

物候期： 花期5~8月，果期6~10月。

生境： 生于沟谷、山坡林下、林缘路旁。

分布： 分布于保护区海拔500~3005m。

商陆科 (Phytolaccaceae)

商陆属 (*Phytolacca*)

垂序商陆 *Phytolacca americana*

形态特征: 多年生草本。根粗壮,肥大,倒圆锥形;茎直立,圆柱形,有时带紫红色。叶片椭圆状卵形或卵状披针形。总状花序顶生或侧生;花白色,微带红晕。果序下垂;浆果扁球形,成熟时紫黑色。种子肾圆形。

物候期: 花期6~8月,果期8~10月。

生境: 外来入侵种,多生长在疏林下、路旁和荒地。

分布: 分布于保护区海拔650~3000m。

商陆科 (Phytolaccaceae)

商陆属 (*Phytolacca*)

日本商陆 *Phytolacca japonica*

形态特征：多年生草本。茎有棱，无毛。叶长圆形、卵状长圆形，稀倒卵形；叶柄无毛。总状花序直立，与叶对生；花梗无毛，小苞片2，互生，着生于花梗中部；花淡红色。果序直立；浆果扁球形。种子肾圆形，亮黑色。

物候期：花果期6～8月。

生境：生于山谷水旁林下。

分布：分布于保护区海拔350～1100 m。

石竹科 (Caryophyllaceae)　　　　　　　　　　　　无心菜属 (*Arenaria*)

无心菜　*Arenaria serpyllifolia*

形态特征：一年生草本。茎丛生，密被白色柔毛。叶卵形，先端尖，基部稍圆，两面疏被柔毛，具缘毛。花梗细直，密被柔毛或腺毛；萼片卵状披针形，具3脉，被柔毛或腺毛；花瓣白色，倒卵形，短于萼片，全缘。蒴果卵圆形，与宿存萼片等长。种子小，肾形，淡褐色。

物候期：花期4~6月，果期5~7月。

生境：生于沙质或石质荒地、田野、园圃、山坡草地。

分布：分布于保护区海拔550~2600 m。

石竹科 (Caryophyllaceae)

石竹属(*Dianthus*)

瞿麦 *Dianthus superbus*

形态特征： 多年生草本。茎丛生，直立，绿色，无毛，上部分枝。叶线状披针形，中脉特显，绿色，有时带粉绿色。苞片倒卵形，顶端长尖；花萼圆筒形，常染紫红色晕，萼齿披针形；花瓣宽倒卵形，通常淡红色或带紫色，稀白色，喉部具丝毛状鳞片。蒴果圆筒形。种子扁卵圆形，黑色，有光泽。

物候期： 花期6~9月，果期8~10月。

生境： 生于丘陵山地疏林下、林缘、草甸、沟谷溪边。

分布： 分布于保护区海拔400~2800m。

石竹科 （Caryophyllaceae）　　　　　　　　　孩儿参属(*Pseudostellaria*)

蔓孩儿参　*Pseudostellaria davidii*

形态特征: 多年生草本。块根纺锤形。茎匍匐,细弱。叶卵形或卵状披针形,具极短柄,边缘具缘毛。萼片披针形,外面沿中脉被柔毛;花梗被毛;花瓣白色,长倒卵形,全缘。种子肾圆形或近球形,表面具棘凸。

物候期: 花期5~7月,果期7~8月。

生境: 生于混交林下、杂木林下、溪旁或林缘石坡。

分布: 分布于保护区海拔2600~3000 m。

石竹科 (Caryophyllaceae)　　　　　　　　　　　　　漆姑草属 *(Sagina)*

漆姑草　*Sagina japonica*

形态特征：一年生小草本，上部被稀疏腺柔毛。茎丛生，稍铺散。叶片线形，无毛。花小，单生枝端；花梗细，被稀疏短柔毛；萼片卵状椭圆形，外面疏生短腺柔毛，边缘膜质；花瓣狭卵形，白色，全缘。蒴果卵圆形，微长于宿存萼片，5瓣裂。种子细，肾圆形，微扁，褐色。

物候期：花期3~5月，果期5~6月。

生境：生于河岸沙质地、撂荒地或路旁草地。

分布：分布于保护区海拔600~1900 m。

石竹科 (Caryophyllaceae)　　　　　　　　　　　　蝇子草属 (*Silene*)

狗筋蔓 *Silene baccifera*

形态特征： 多年生草本，全株被逆向短绵毛。根簇生，长纺锤形，白色，断面黄色，稍肉质。叶片卵形、卵状披针形或长椭圆形，两面沿脉被毛。圆锥花序疏松；花萼宽钟形，草质，萼齿卵状三角形，边缘膜质，果期反折；花瓣白色，倒披针形。蒴果圆球形，呈浆果状，成熟时薄壳质，黑色。种子肾圆形，黑色，平滑，有光泽。

物候期： 花期6~8月，果期7~9（~10）月。

生境： 生于林缘、灌丛或草地。

分布： 分布于保护区海拔900~2300m。

石竹科（Caryophyllaceae）　　　　　　　　　　　　　　**蝇子草属**（*Silene*）

石生蝇子草　*Silene tatarinowii*

形态特征： 多年生草本。全株被柔毛；根纺锤形或倒圆锥形，黄白色。叶卵状披针形或披针形，稀卵形，两面疏被柔毛，具缘毛，基出脉3。二歧聚伞花序多花，疏散；花梗细，被柔毛；苞片披针形；花瓣白色，爪倒披针形，副花冠椭圆形。蒴果卵圆形或长卵圆形。种子肾形，具小瘤。

物候期： 花期7~8月，果期8~10月。

生境： 生于灌丛中、疏林下多石质的山坡或岩石缝中。

分布： 分布于保护区海拔800~2900m。

石竹科 (Caryophyllaceae)　　　　　　　　繁缕属 (Stellaria)

雀舌草　*Stellaria alsine*

形态特征： 二年生草本，全株无毛。茎丛生，稍铺散，多分枝。叶无柄，叶片披针形至长圆状披针形，半抱茎，边缘软骨质，呈微波状，两面微显粉绿色。聚伞花序，顶生或花单生叶腋；花梗细，无毛，果时稍下弯；萼片披针形，中脉明显，无毛；花瓣白色。蒴果卵圆形。种子肾形，褐色，具皱纹状凸起。

物候期： 花期5～6月，果期7～8月。

生境： 生于田间、溪岸或潮湿地。

分布： 分布于保护区海拔300～1800m。

石竹科 (Caryophyllaceae)

繁缕属 (Stellaria)

鸡肠繁缕 *Stellaria neglecta*

形态特征： 一年生或二年生草本，淡绿色，被柔毛。茎丛生，被一列柔毛。叶片卵形或狭卵形，稍抱茎，边缘基部和两叶基间茎上被长柔毛。二歧聚伞花序顶生；苞片披针形，草质，被腺柔毛；花梗密被一列柔毛；萼片卵状椭圆形至披针形，边缘膜质；花瓣白色。蒴果卵形。种子近扁圆形，褐色。

物候期： 花期4~6月，果期6~8月。

生境： 生于杂木林内。

分布： 分布于保护区海拔900~1200 m。

石竹科 (Caryophyllaceae)   繁缕属 (*Stellaria*)

箐姑草　*Stellaria vestita*

形态特征: 多年生草本, 全株被星状毛。茎疏丛生, 铺散或俯仰, 下部分枝, 上部密被星状毛。叶片卵形或椭圆形, 全缘, 两面均被星状毛, 下面中脉明显。聚伞花序疏散, 具长花序梗, 密被星状毛; 苞片草质, 卵状披针形, 边缘膜质; 萼片披针形, 外面被星状柔毛, 显灰绿色, 具3脉。蒴果卵形。种子肾形。

物候期: 花期4~6月, 果期6~8月。

生境: 生于石滩或石隙中、草坡或林下。

分布: 分布于保护区海拔600~2500 m。

石竹科 (Caryophyllaceae)　　　　　　　　　　　　　　　浅裂繁缕属(*Nubelaria*)

巫山浅裂繁缕　*Nubelaria wushanensis*

形态特征：一年生草本。茎疏丛生，基部近匍匐，上部直立，多分枝，无毛。叶片卵状心形至卵形，顶端尖或急尖，下面灰绿色，两面均无毛或上面被疏短糙毛。聚伞花序，顶生或腋生；苞片草质；萼片披针形，具1脉，边缘膜质；花瓣倒心形。蒴果卵圆形。种子肾圆形，褐色，具尖瘤状凸起。

物候期：花期4~6月，果期6~7月。

生境：生于山地或丘陵地区。

分布：分布于保护区海拔1000~2000 m。

昆栏树科 (Trochodendraceae)　　　　　　　　　水青树属 (*Tetracentron*)

水青树　*Tetracentron sinense*

形态特征: 乔木, 全株无毛。树皮灰褐色或灰棕色而略带红色, 片状脱落; 长枝顶生, 细长, 幼时暗红褐色; 短枝侧生, 距状。叶片卵状心形, 边缘具细锯齿, 齿端具腺点, 两面无毛, 背面略被白霜, 掌状脉。穗状花序, 多花; 花被淡绿色或黄绿色。果实长圆形, 棕色。种子条形。

物候期: 花期6~7月, 果期9~10月。

生境: 生于沟谷林及溪边杂木林中。

分布: 分布于保护区海拔1700~2800 m。

连香树科 (Cercidiphyllaceae)

连香树属 (*Cercidiphyllum*)

连香树 *Cercidiphyllum japonicum*

形态特征： 落叶大乔木。树皮灰色或棕灰色；小枝无毛，短枝在长枝上对生；芽鳞片褐色。叶近圆形、宽卵形或心形，边缘有圆钝锯齿，先端具腺体，两面无毛，下面灰绿色带粉霜，掌状脉7条直达边缘。苞片在花期红色，膜质，卵形。蓇葖果2~4个，荚果状，褐色或黑色，有宿存花柱。种子扁平四角形，褐色。

物候期： 花期4月，果期8月。

生境： 生于山谷边缘或林中开阔地的杂木林中。

分布： 分布于保护区海拔650~2700m。

毛茛科 (Ranunculaceae)　　　　　　　　　　　　　　　　　乌头属 (*Aconitum*)

瓜叶乌头　*Aconitum hemsleyanum*

形态特征: 块根圆锥形;茎缠绕,无毛,常带紫色,稀疏地生叶,分枝。茎中部叶五角形或卵状五角形,中央深裂片梯状菱形或卵状菱形。总状花序生茎或分枝顶端,小苞片生花梗下部或上部,线形,无毛;萼片深蓝色;花瓣无毛。种子三棱形。

物候期: 花期8~10月,果期10~12月。

生境: 生于山地林中或灌丛中。

分布: 分布于保护区海拔1400~2200m。

毛茛科 (Ranunculaceae)　　　　　　　　　　　　　　　乌头属 (*Aconitum*)

高乌头　*Aconitum sinomontanum*

形态特征： 根圆柱形。叶片肾形或肾圆形，边缘有不整齐的三角形锐齿，中裂片较小，楔状窄菱形，渐尖，侧裂片斜扇形；叶柄几无毛。总状花序具密集的花；苞片比花梗长，下部苞片叶状；萼片蓝紫色或淡紫色，密被短曲柔毛；花瓣唇舌形。种子倒卵圆形，具3棱，褐色。

物候期： 花期5～7月，果期7～9月。

生境： 生于山坡草地或林中。

分布： 分布于保护区海拔1000～3000 m。

毛茛科 (Ranunculaceae)　　　　　　　　　　　银莲花属 (*Anemone*)

鹅掌草　*Anemone flaccida*

形态特征: 根状茎近圆柱形。基生叶1~2, 具长柄; 叶草质, 心状五角形, 3全裂, 中裂片菱形, 侧裂片不等2深裂, 上面疏被毛, 下面近无毛或被柔毛。花葶上部被柔毛; 苞片无柄, 菱状三角形或菱形; 萼片白色, 倒卵形或椭圆形。

物候期: 花期4~5月, 果期5~6月。

生境: 生于山谷中草地或林下。

分布: 分布于保护区海拔1000~1300m。

毛茛科 (Ranunculaceae)　　　　　　　　　　　　　　　　　　银莲花属 (*Anemone*)

打破碗花花 *Anemone hupehensis*

形态特征: 多年生高大草本。基生叶3~5,具长柄;三出复叶,有时1~2片或为单叶;顶生小叶具长柄,卵形或宽卵形,不裂或3~5浅裂,具锯齿,两面疏被糙毛,侧生小叶较小。花葶疏被柔毛,聚伞花序二至三回分枝;萼片紫红色,倒卵形。瘦果具细柄。

物候期: 花期7~10月,果期9~11月。

生境: 生于低山或丘陵的草坡或沟边。

分布: 分布于保护区海拔400~1800m。

毛茛科 (Ranunculaceae)　　　　　　　　　　　　银莲花属 (*Anemone*)

草玉梅　*Anemone rivularis*

形态特征: 植株高达65cm。根状茎木质。基生叶3～5, 具长柄; 叶心状五角形, 3全裂, 中裂片宽菱形或菱状卵形, 侧裂片斜扇形, 两面被糙伏毛。聚伞花序 (一) 二至三回分枝; 苞片具短柄, 宽菱形; 萼片白色, 倒卵形, 先端密被柔毛。

物候期: 花期5～8月, 果期8～9月。

生境: 生于山地草坡、小溪边或湖边。

分布: 分布于保护区海拔2800～3000m。

草玉梅

毛茛科 (Ranunculaceae) 银莲花属 (*Anemone*)

大火草 *Anemone tomentosa*

形态特征: 基生叶3～4, 具长柄, 三出复叶, 有时1～2叶; 小叶卵形或三角状卵形, 3浅裂至3深裂, 具不规则小裂片及小齿, 下面密被绒毛。花葶与叶柄均被绒毛; 聚伞花序, 二至三回分枝; 苞片3, 似基生叶, 具柄, 3深裂, 有时为单叶; 萼片5, 淡粉红色或白色。瘦果, 具细柄, 被绵毛。

物候期: 花期7～10月。

生境: 生于山地草坡或路边向阳处。

分布: 分布于保护区海拔700～2100m。

毛茛科 (Ranunculaceae) 　　　　　　　　　　　　　　　　　　　　　　耧斗菜属 (*Aquilegia*)

无距耧斗菜　*Aquilegia ecalcarata*

形态特征： 根粗，圆柱形，外皮深暗褐色。中央小叶楔状倒卵形至扇形，侧面小叶斜卵形，表面绿色，无毛，背面粉绿色，疏被柔毛或无毛。苞片线形；花梗纤细，被伸展的白色柔毛；萼片紫色，近平展，椭圆形；花瓣直立，长方状椭圆形，无距。种子黑色，倒卵形，光滑。

物候期： 花期5~6月，果期6~8月。

生境： 生于山地林下或路旁。

分布： 分布于保护区海拔1800~2850 m。

毛茛科 (Ranunculaceae)　　　　　　　　　　**星果草属 (Asteropyrum)**

星果草　*Asteropyrum peltatum*

形态特征：多年生小草本。叶圆形或近五角形，不裂或5浅裂，具波状浅锯齿；叶柄密被倒向柔毛。萼片倒卵形，先端圆，具3～5脉；花瓣金黄色，倒卵形或近圆形，具细爪。蓇葖果卵圆形，顶端具尖喙。种子宽椭圆形，褐黄色。

物候期：花期5～6月，果期6～7月。

生境：生于高山山地、林下。

分布：分布于保护区海拔1800～2800m。

毛茛科 (Ranunculaceae)   铁破锣属 (*Beesia*)

铁破锣 *Beesia calthifolia*

形态特征： 根状茎斜。叶肾形、心形或心状卵形，密生具短尖的圆锯齿；叶柄无毛。花葶高，具少数纵沟，下部无毛，上部密被开展短柔毛。蓇葖果扁，披针状线形，中部稍弯，具8条斜横脉，宿存花柱长1~2mm。种皮具斜纵皱褶。

物候期： 花期5~8月，果期8~9月。

生境： 生于山谷中林下阴湿处。

分布： 分布于保护区海拔1400~3005m。

毛茛科 (Ranunculaceae)

升麻属 (*Cimicifuga*)

小升麻　*Cimicifuga japonica*

形态特征：根状茎横走，具多数细根；茎直立，上部密被灰色柔毛。叶近基生，为三出复叶；小叶表面有短糙伏毛，具长柄；顶生小叶卵状心形，具锯齿，侧生小叶较小。花序细长，具多花，花序轴密被柔毛；萼片白色，椭圆形。种子具多数横向短鳞翅，四周无翅。

物候期：花期8~9月，果期10月。

生境：生于山地林下或林缘。

分布：分布于保护区海拔800~2500m。

毛茛科 (Ranunculaceae)　　　　　　　　　　　　　铁线莲属 (*Clematis*)

小木通　*Clematis armandii*

形态特征: 木质藤本。枝疏被柔毛。三出复叶,小叶革质,窄卵形或披针形,全缘。花序1~3自老枝腋芽生出,7至多花;花序梗基部具三角形或长圆形宿存芽鳞;萼片白色或粉红色,平展,窄长圆形或长圆形。瘦果窄卵圆形,具羽毛状宿存花柱。

物候期: 花期3~4月。

生境: 生于山坡、山谷、路边灌丛中、林边或水沟旁。

分布: 分布于保护区海拔600~1500 m。

毛茛科 (Ranunculaceae)   铁线莲属 (*Clematis*)

威灵仙 *Clematis chinensis*

形态特征： 木质藤本，干后变黑色。茎、小枝近无毛或疏生短柔毛。小叶纸质，卵形至卵状披针形，或线状披针形，全缘，两面近无毛，或疏生短柔毛。常为圆锥状聚伞花序，多花，腋生或顶生；萼片开展，白色，长圆形或长圆状倒卵形，外面边缘密生绒毛或中间有短柔毛，雄蕊无毛。瘦果卵形至宽椭圆形。

物候期： 花期6~9月，果期8~11月。

生境： 生于山坡、山谷灌丛中或沟边、路旁草丛中。

分布： 分布于保护区海拔300~1500m。

毛茛科 (Ranunculaceae)　　　　　　　　　　　　　　　　铁线莲属 (*Clematis*)

粗齿铁线莲　*Clematis grandidentata*

形态特征: 落叶藤本。小枝密生白色短柔毛，老时外皮剥落。小叶卵形或椭圆状卵形，常有不明显3裂，边缘有粗大锯齿，上面疏生短柔毛，下面密生白色短柔毛至较疏，或近无毛。萼片开展，白色，近长圆形，两面有短柔毛，内面较疏至近无毛。瘦果扁卵圆形，有柔毛。

物候期: 花期5~7月，果期7~10月。

生境: 生于山坡或山沟灌丛中。

分布: 分布于保护区海拔600~2300m。

毛茛科 (Ranunculaceae)　　　　　　　　　　　　　　**铁线莲属 (*Clematis*)**

大叶铁线莲　*Clematis heracleifolia*

形态特征: 直立亚灌木或多年生草本。茎被柔毛。小叶纸质,宽卵形、五角形或近圆形,边缘具不等深的锯齿,常3浅裂,两面被平伏柔毛,下面网脉稀疏、隆起。复聚伞花序顶生兼腋生;苞片宽卵形,被柔毛;花杂性;萼片4,蓝色或紫色,直立,窄长圆形或匙状长圆形,密被柔毛。瘦果椭圆形,被毛。

物候期: 花期8~9月,果期10月。

生境: 生于山坡沟谷、林边及路旁的灌丛中。

分布: 分布于保护区海拔800~1700m。

毛茛科 (Ranunculaceae)　　　　　　　　　　　　　　　铁线莲属 (*Clematis*)

毛蕊铁线莲　*Clematis lasiandra*

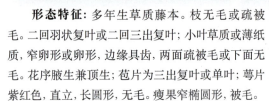

形态特征：多年生草质藤本。枝无毛或疏被毛。二回羽状复叶或二回三出复叶；小叶草质或薄纸质，窄卵形或卵形，边缘具齿，两面疏被毛或下面无毛。花序腋生兼顶生；苞片为三出复叶或单叶；萼片紫红色，直立，长圆形，无毛。瘦果窄椭圆形，被毛。

　　物候期：花期10月，果期11月。

　　生境：生于沟边、山坡荒地及灌丛中。

　　分布：分布于保护区海拔1500～2600 m。

毛茛科 (Ranunculaceae)

铁线莲属 (*Clematis*)

绣球藤　*Clematis montana*

形态特征: 木质藤本。枝被短柔毛或脱落无毛,具纵沟。三出复叶;小叶纸质、卵形、菱状卵形或椭圆形,边缘疏生锯齿,两面疏被短柔毛。花2~4与数叶自老枝腋芽生出;萼片白色,稀带粉红色,开展,倒卵形,疏被平伏短柔毛,内面无毛,边缘无毛。瘦果卵圆形,无毛。

物候期: 花期4~6月,果期7~9月。

生境: 生于山坡、山谷灌丛中、林边或沟旁。

分布: 分布于保护区海拔1600~1800m。

毛茛科 (Ranunculaceae)　　　　　　　　　　　　　　黄连属 (*Coptis*)

黄连　*Coptis chinensis*

形态特征： 根状茎黄色。叶具长柄，叶薄革质，卵状五角形，基部心形，3全裂，全裂片具柄，中裂片菱状卵形，羽状深裂，小齿具细刺尖，侧裂片斜卵形，不等2深裂。花序具3～8花；苞片窄长，羽状分裂；萼片黄绿色，披针形；花瓣线状披针形。

物候期： 花期2～3月，果期4～6月。

生境： 生于山地林中或山谷阴湿处。

分布： 分布于保护区海拔500～2000m。

毛茛科 (Ranunculaceae) 翠雀属 (*Delphinium*)

还亮草 *Delphinium anthriscifolium*

形态特征: 一年生草本。具直根。二至三回近羽状复叶,或二出复叶;叶菱状卵形或三角状卵形,羽片2~4对,对生,稀互生,小裂片窄卵形或披针形,上面疏被柔毛,下面无毛或近无毛。总状花序;小苞片披针状线形;萼片堇色或紫色,椭圆形,疏被短柔毛。种子球形,具横窄膜翅。

物候期: 花期3~5月,果期4~7月。

生境: 生于丘陵或低山的山坡草丛或溪边草地。

分布: 分布于保护区海拔260~1200m。

毛茛科 (Ranunculaceae)　　　　　　　　　　　　　人字果属 (*Dichocarpum*)

台湾人字果　*Dichocarpum arisanense*

形态特征：茎柔弱，几无毛，上部分枝并有少数叶。基生叶约8枚，有长柄；小叶宽菱形或扇状倒卵形；叶柄有短鞘。茎生叶生分枝基部，对生，三出。复单歧聚伞花序有少数花；萼片狭卵形；花瓣5，瓣片圆形。种子球形，背部稍具龙骨状突起。

物候期：花期4～5月，果期5～6月。

生境：生于山坡或路边。

分布：分布于保护区海拔2400～3000 m。

毛茛属 (*Ranunculus*)

毛茛科 (Ranunculaceae)

毛茛 *Ranunculus japonicus*

形态特征： 多年生草本。根状茎短；茎中空，下部及叶柄被开展糙毛。基生叶数枚，心状五角形，3深裂，中裂片楔状菱形或菱形，3浅裂，具不等锯齿，侧裂片斜扇形，不等2裂。茎生叶渐小。花序顶生；萼片卵形；花瓣倒卵形。瘦果扁，斜宽倒卵圆形，具窄边。

物候期： 花期4~6月，果期6~8月。

生境： 生于田沟旁和林缘路边的湿草地上。

分布： 分布于保护区海拔240~2500 m。

毛茛科 (Ranunculaceae)　　　　　　　　　　　　唐松草属 (*Thalictrum*)

盾叶唐松草　*Thalictrum ichangense*

形态特征: 植株无毛；须根具小块根。基生叶具长柄，一至二回三出复叶；小叶纸质，菱状卵形，稀圆卵形或近圆形，基部盾状，微3裂，疏生圆齿，脉平。花序伞房状，稀疏；萼片白色，早落，卵形。

物候期: 花期4~6月，果期6~8月。

生境: 生于山地溪边、灌丛或林中。

分布: 分布于保护区海拔260~1900 m。

毛茛科 (Ranunculaceae)　　　　　　　　　　　唐松草属 (*Thalictrum*)

小果唐松草　*Thalictrum microgynum*

形态特征: 植株全部无毛。根状茎短,须根有斜倒圆锥形的小块根。茎上部分枝。小叶薄草质,顶生小叶有长柄,楔状倒卵形、菱形或卵形,3浅裂,边缘有粗圆齿,两面脉平,不明显。花序似复伞形花序;苞片近匙形;花梗丝形;萼片白色,狭椭圆形。瘦果下垂,狭椭圆球形,有6条细纵肋。

物候期: 花期4~6月,果期6~8月。

生境: 生于山地林下、草坡和岩石边较阴湿处。

分布: 分布于保护区海拔700~2800m。

毛茛科 (Ranunculaceae)　　　　　　　　　唐松草属 (*Thalictrum*)

长柄唐松草　*Thalictrum przewalskii*

形态特征： 茎无毛，通常分枝。小叶薄草质，顶生小叶卵形、菱状椭圆形、倒卵形或近圆形，3裂常达中部，有粗齿，背面脉稍隆起，有短毛；托叶膜质，半圆形，边缘不规则开裂。圆锥花序多分枝，无毛；萼片白色或稍带黄绿色，狭卵形。瘦果扁，斜倒卵形，有4条纵肋。

物候期： 花期5~6月，果期7~8月。

生境： 生于山地灌丛边、林下或草坡上。

分布： 分布于保护区海拔700~2850m。

长柄唐松草

毛茛科 (Ranunculaceae) **唐松草属 (*Thalictrum*)**

粗壮唐松草 *Thalictrum robustum*

形态特征： 茎有稀疏短柔毛或无毛，上部分枝。基生叶和茎下部叶在开花时枯萎。花序圆锥状，有多数花；花梗有短柔毛；萼片4，早落，椭圆形。瘦果无柄，长圆形，有7~8条纵肋。

物候期： 花期5~6月，果期7~8月。

生境： 生于山地林中、沟边或较阴湿的草丛中。

分布 分布于保护区海拔1700~2900 m。

木通科 (Lardizabalaceae)　　　　　　　　　　　　　　木通属 (*Akebia*)

三叶木通　*Akebia trifoliata*

形态特征: 落叶木质藤本。茎皮灰褐色, 有稀疏的皮孔及小疣点。叶柄直; 小叶纸质或薄革质, 卵形至阔卵形, 边缘具波状齿或浅裂, 上面深绿色, 下面浅绿色。雄花淡紫色, 阔椭圆形或椭圆形; 雌花紫褐色, 近圆形。果实长圆形, 成熟时灰白色略带淡紫色。种子扁卵形, 种皮红褐色或黑褐色, 稍有光泽。

物候期: 花期4～5月, 果期7～8月。

生境: 生于山地沟谷边疏林或丘陵灌丛中。

分布: 分布于保护区海拔250～2000m。

木通科 (Lardizabalaceae) 猫儿屎属 (*Decaisnea*)

猫儿屎 *Decaisnea insignis*

形态特征：落叶灌木。奇数羽状复叶着生于茎顶，小叶对生。总状花序或组成圆锥状花序，顶生或腋生；花雌雄同株，淡绿黄色；萼片披针形，内面被微柔毛；无花瓣。浆果圆柱状，稍弯曲，成熟时蓝色或蓝紫色，被白粉，具颗粒状小突起。

物候期：花期 4～6 月，果期 7～8 月。

生境：生于山坡灌丛或沟谷杂木林下阴湿处。

分布：分布于保护区海拔 900～2500 m。

木通科 (Lardizabalaceae)　　　　　　　　　　八月瓜属 (*Holboellia*)

五月瓜藤　*Holboellia angustifolia*

　　形态特征: 落叶木质藤本。茎具细纵纹, 有时幼枝被白粉。掌状复叶3~8小叶; 小叶窄长圆形、披针形, 稀倒卵形或线形, 下面灰绿色, 两面侧脉不明显。雄花黄白色或淡紫色; 花瓣鳞片状, 近圆形或三角形; 雌花紫色, 萼片卵形、卵状长圆形或宽椭圆形。果实紫红色, 长圆形, 干后常结肠状。

　　物候期: 花期4~5月, 果期7~8月。

　　生境: 生于山坡杂木林及沟谷林中。

　　分布: 分布于保护区海拔500~3000 m。

木通科 (Lardizabalaceae)　　　　　　　　　　　　　　　　大血藤属(*Sargentodoxa*)

大血藤　*Sargentodoxa cuneata*

形态特征：落叶木质藤本。全株无毛；当年生枝条暗红色，老树皮有时纵裂。三出复叶，或兼具单叶，稀全部为单叶；小叶革质，顶生小叶近棱状倒卵圆形，上面绿色，下面淡绿色，干时常变为红褐色。雄花与雌花同序或异序；花瓣圆形，蜜腺性。浆果近球形，成熟时黑蓝色。种子卵球形；种皮黑色，光亮，平滑。

物候期：花期 4 ~ 5 月，果期 6 ~ 9 月。

生境：常见于山坡灌丛、疏林和林缘等。

分布：分布于保护区海拔 400 ~ 800 m。

木通科 (Lardizabalaceae)　　　　　串果藤属(*Sinofranchetia*)

串果藤　*Sinofranchetia chinensis*

　　形态特征： 落叶木质藤本，全株无毛。幼枝被白粉。小叶纸质，顶生小叶菱状倒卵形，侧生小叶较小，基部略偏斜，上面暗绿色，下面苍白灰绿色。花稍密集着生于花序总轴上。雄花萼片绿白色，有紫色条纹，倒卵形；花瓣很小。成熟心皮浆果状，椭圆形，淡紫蓝色。种子卵圆形，种皮灰黑色。

　　物候期： 花期 5～6 月，果期 9～10 月。

　　生境： 生于山沟密林、林缘或灌丛中。

　　分布： 分布于保护区海拔 900～2450m。

小檗科 (Berberidaceae)

小檗属 (Berberis)

豪猪刺 *Berberis julianae*

形态特征： 常绿灌木。老枝黄褐色或灰褐色，幼枝淡黄色，具条棱和稀疏黑色疣点；茎刺粗壮，三分叉。叶革质，椭圆形、披针形或倒披针形，上面深绿色，中脉凹陷，侧脉微显，背面淡绿色，中脉隆起，两面网脉不显，不被白粉，叶缘平展。花黄色；小苞片卵形；花瓣长圆状椭圆形。浆果长圆形，蓝黑色，被白粉。

物候期： 花期 3 月，果期 5 ~ 11 月。

生境： 生于山坡、沟边、林中、林缘、灌丛中或竹林中。

分布： 分布于保护区海拔 1100 ~ 2100 m。

小檗科（Berberidaceae） 小檗属（*Berberis*）

巴东小檗 *Berberis veitchii*

形态特征 常绿灌木。茎圆柱形 老枝淡灰黄色，不具疣点，幼枝带红色，无毛; 茎刺三分叉，腹面具槽，淡黄色。叶薄革质，披针形，上面暗绿色，中脉凹陷，背面淡黄色，有光泽，中脉隆起，不被白粉，叶缘略呈波状，微向背面反卷，具刺齿。小苞片卵形 花粉红色或红棕色，花瓣倒卵形，先端圆形。浆果卵形至椭圆形，被蓝粉。

物候期: 花期 5 ~ 6 月，果期 8 ~ 10 月。

生境: 生于山地灌丛中、林中、林缘和河边。

分布: 分布于保护区海拔 2000 ~ 3005m。

小檗科（Berberidaceae）　　　　　　　　　　　　　　红毛七属（*Caulophyllum*）

红毛七　*Caulophyllum robustum*

形态特征: 多年生草本。根状茎粗短。茎生叶2,互生;小叶卵形、长圆形或阔披针形,全缘,上面绿色,背面淡绿色或带灰白色,两面无毛;顶生小叶具柄,侧生小叶近无柄。圆锥花序顶生;花淡黄色;萼片6,倒卵形;花瓣扇形,基部缢缩成爪。种子浆果状,微被白粉,成熟后蓝黑色,外被肉质假种皮。

物候期: 花期5~6月,果期7~9月。

生境: 生于林下、山沟阴湿处等。

分布: 分布于保护区海拔2000~3000m。

小檗科（Berberidaceae） 鬼臼属（*Dysosma*）

六角莲 *Dysosma pleiantha*

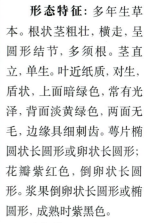

形态特征： 多年生草本。根状茎粗壮，横走，呈圆形结节，多须根。茎直立，单生。叶近纸质，对生，盾状，上面暗绿色，常有光泽，背面淡黄绿色，两面无毛，边缘具细刺齿。萼片椭圆状长圆形或卵状长圆形；花瓣紫红色，倒卵状长圆形。浆果倒卵状长圆形或椭圆形，成熟时紫黑色。

物候期： 花期3~6月，果期7~9月。

生境： 生于林下、山谷溪旁或阴湿溪谷草丛中。

分布： 分布于保护区海拔400~1600m。

小檗科（Berberidaceae） 鬼臼属（*Dysosma*）

八角莲 *Dysosma versipellis*

形态特征：多年生草本。根状茎粗壮，横生，多须根。茎直立，不分枝，无毛，淡绿色。茎生叶2，薄纸质，互生，盾状，近圆形，上面无毛，背面被柔毛，叶脉明显隆起，边缘具细齿。花梗纤细，下弯，被柔毛；花深红色，下垂；萼片长圆状椭圆形，外面被短柔毛，内面无毛；花瓣勺状倒卵形，无毛。浆果椭圆形。

物候期：花期3~6月，果期5~9月。

生境：生于山坡林下、灌丛中、溪旁阴湿处。

分布：分布于保护区海拔1200~1600 m。

小檗科 (Berberidaceae)   淫羊藿属 (*Epimedium*)

川鄂淫羊藿 *Epimedium fargesii*

形态特征: 多年生草本。根状茎匍匐状、横走、质硬、多须根。总状花序、花序轴被腺毛、无总梗; 花梗被腺毛; 花紫红色; 萼片2轮, 外萼片狭卵形, 带紫蓝色, 内萼片狭披针形, 向下反折, 白色或带粉红色; 花瓣远较内萼片短, 暗紫色, 呈钻状距, 挺直。

物候期: 花期3~4月, 果期4~6月。

生境: 生于山坡针阔叶混交林下或灌丛中。

分布: 分布于保护区海拔680~2600 m。

小檗科（Berberidaceae） 淫羊藿属（*Epimedium*）

木鱼坪淫羊藿 *Epimedium franchetii*

形态特征： 多年生草本。根状茎密集。一回三出复叶基生和茎生，具3枚小叶；小叶革质，狭卵形，内侧裂片小，外侧裂片较长，上面有光泽，无毛，背面苍白色，有时带淡红色，微被伏毛，叶缘具密刺齿。总状花序；花淡黄色；萼片2轮，外萼片早落，绿色，内萼片狭卵形，淡黄色；呈钻状距。

物候期： 花期4月，果期5~6月。

生境： 生于山坡林下。

分布： 分布于保护区海拔1000~1200 m。

小檗科 (Berberidaceae)　　　　　　　　　　　　　淫羊藿属 (*Epimedium*)

湖南淫羊藿　*Epimedium hunanense*

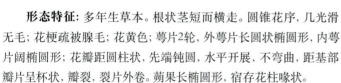

形态特征： 多年生草本。根状茎短而横走。圆锥花序，几光滑无毛；花梗疏被腺毛；花黄色；萼片2轮，外萼片长圆状椭圆形，内萼片阔椭圆形；花瓣距圆柱状，先端钝圆，水平开展，不弯曲，距基部瓣片呈杯状，瓣裂，裂片外卷。蒴果长椭圆形，宿存花柱喙状。

物候期： 花期3~4月，果期4~6月。

生境： 生于林下。

分布： 分布于保护区海拔400~1400 m。

小檗科（Berberidaceae） 淫羊藿属（*Epimedium*）

四川淫羊藿 *Epimedium sutchuenense*

形态特征：多年生草本。匍匐地下茎纤细。一回三出复叶基生和茎生，小叶3枚；小叶薄革质，卵形或狭卵形，内裂片圆形，外裂片较内裂片大，上面绿色，无毛，背面灰白色，具乳突，疏被灰色柔毛，网脉显著。总状花序，被腺毛；花暗红色或淡紫红色；萼片2轮；花瓣呈角状距，无瓣片，向背面反折。蒴果宿存花柱喙状。

物候期：花期3~4月，果期5~6月。

生境：生于林下、灌丛中、草地或溪边阴湿处。

分布：分布于保护区海拔400~1900m。

小檗科 (Berberidaceae)　　　　　　　　　　　　　　　　十大功劳属 (*Mahonia*)

阔叶十大功劳　*Mahonia bealei*

形态特征: 灌木或小乔木。叶狭倒卵形至长圆形，上面暗灰绿色，背面被白霜，有时淡黄绿色或苍白色，两面叶脉不显；小叶厚革质，硬直。总状花序直立；芽鳞卵形至卵状披针形；苞片阔卵形或卵状披针形；花黄色；花瓣倒卵状椭圆形。浆果卵形，深蓝色，被白粉。

　　物候期: 花期9月至翌年1月，果期翌年3～5月。

　　生境: 生于阔叶林、竹林、杉木林和混交林下、林缘，以及草坡、溪边、路旁或灌丛中。

　　分布: 分布于保护区海拔500～2000 m。

小檗科 (Berberidaceae)　　　　　　　　　　　　　十大功劳属 (*Mahonia*)

十大功劳　*Mahonia fortunei*

形态特征： 灌木。叶倒卵形至倒卵状披针形，具2～5对小叶，上面暗绿色至深绿色，叶脉不显，背面淡黄色，偶稍苍白色，叶脉隆起；小叶狭披针形至狭椭圆形，边缘具刺齿。总状花序；苞片卵形，急尖；花黄色；花瓣长圆形，基部腺体明显。浆果球形，紫黑色，被白粉。

物候期： 花期7～9月，果期9～11月。

生境： 生于山坡沟谷林中、灌丛中、路边或河边。

分布： 分布于保护区海拔350～2000m。

小檗科 (Berberidaceae)   南天竹属 (*Nandina*)

南天竹   *Nandina domestica*

形态特征： 常绿小灌木。幼枝常为红色，老后呈灰色。叶互生，集生于茎的上部，三回羽状复叶；小叶薄革质，椭圆形或椭圆状披针形，全缘，上面深绿色，冬季变红色，背面叶脉隆起，两面无毛。圆锥花序直立；花小，白色，具芳香；花瓣长圆形，先端圆钝。浆果球形，成熟时鲜红色，稀橙红色。种子扁圆形。

物候期： 花期 3～6 月，果期 5～11 月。

生境： 生于山地林下沟旁、路边或灌丛中。

分布： 分布于保护区海拔 240～1200m。

木兰科 (Magnoliaceae)

厚朴属(*Houpoea*)

厚朴 *Houpoea officinalis*

形态特征： 落叶乔木。树皮厚；顶芽窄卵状圆锥形，无毛。幼叶下面被白色长毛，革质，长圆状倒卵形，全缘微波状，下面被灰色柔毛及白粉；叶柄粗；托叶痕长约为叶柄长的 2/3。聚合果长圆状卵圆形。种子三角状倒卵形。

物候期： 花期 5～6 月，果期 8～10 月。

生境： 生于林中。

分布： 分布于保护区海拔 300～1400 m。

木兰科 (Magnoliaceae)　　　　　　　　　　　　　木莲属(*Manglietia*)

巴东木莲　*Manglietia patungensis*

形态特征： 高大乔木。树皮淡灰褐色带红色。叶薄革质，倒卵状椭圆形。花白色，芳香，花被片具苞片痕，花被片 9，外轮 3 片近革质，中轮及内轮肉质，倒卵形，较宽。聚合果圆柱状椭圆形，淡紫红色。

物候期： 花期 5～6 月，果期 7～10 月。

生境： 生于密林中。

分布： 分布于保护区海拔 600～1000m。

五味子科 (Schisandraceae)　　　　　　　　　　　　五味子属 (*Schisandra*)

兴山五味子　*Schisandra incarnata*

形态特征: 落叶木质藤本，全株无毛。幼枝紫色或褐色，老枝灰褐色。叶纸质，倒卵形或椭圆形，叶两面近同色，中脉在上面凹或平，侧脉每边 4～6 条。花被片粉红色，膜质或薄肉质，椭圆形至倒卵形。小浆果深红色，椭圆形。种子深褐色，扁椭圆形，平滑，种脐斜"V"形。

物候期: 花期 5～6 月，果期 9 月。

生境: 生于灌丛或密林中。

分布: 分布于保护区海拔 1500～2100 m。

五味子科 (Schisandraceae)　　　　　　　　**五味子属** (*Schisandra*)

华中五味子 *Schisandra sphenanthera*

形态特征：落叶木质藤本。叶纸质，倒卵形、宽倒卵形、倒卵状长椭圆形或圆形，稀椭圆形，下面淡灰绿色，具白点，中部以上疏生胼胝质尖齿。花生于小枝近基部叶腋；花被片橙黄色，近似椭圆形或长圆状倒卵形，具缘毛，具腺点。小浆果红色。种子长圆形或肾形，褐色光滑或背面微皱。

物候期：花期 4 ～ 7 月，果期 7 ～ 9 月。

生境：生于湿润山坡边或灌丛中。

分布：分布于保护区海拔 600 ～ 3000m。

樟科 (Lauraceae)　　　　　　　　　　　　山胡椒属 (*Lindera*)

山胡椒　*Lindera glauca*

形态特征： 落叶小乔木或灌木。小枝灰色或灰白色，幼时淡黄色，初被褐色毛。叶宽椭圆形、椭圆形、倒卵形或窄倒卵形，下面被白色柔毛。伞形花序从混合芽生出，具 3～8 花。果实球形，黑褐色。

物候期： 花期 3～4 月，果期 7～8 月。

生境： 生于山坡、林缘、路旁。

分布： 分布于保护区海拔 240～900 m。

樟科 (Lauraceae)　　　　　　　　　　　　　　山胡椒属 *(Lindera)*

黑壳楠 *Lindera megaphylla*

形态特征： 常绿乔木。小枝粗圆，紫黑色，无毛，疏被皮孔。叶集生于枝顶，倒披针形或倒卵状长圆形，无毛。伞形花序多花，花序梗密被黄褐色或近锈色微柔毛；雄花椭圆形，稍被黄褐色柔毛；雌花花梗密被黄褐色柔毛。果实椭圆形或卵圆形，紫黑色，无毛。

物候期： 花期 2～4 月，果期 9～12 月。

生境： 生于山坡、谷地湿润常绿阔叶林或灌丛中。

分布： 分布于保护区海拔 1600～2000 m。

樟科 (Lauraceae)   山胡椒属 (*Lindera*)

三桠乌药　*Lindera obtusiloba*

形态特征： 灌木。小枝黄绿色；芽卵圆形，无毛，内芽鳞被淡褐黄色绢毛。叶近圆形或扁圆形，下面被褐黄色柔毛或近无毛，网脉明显；叶柄被黄白色柔毛。雄花花被片被长柔毛，内面无毛；雌花花被片内轮较短，花柱短。果实宽椭圆形，红色至紫黑色。

物候期： 花期 3 ~ 4 月，果期 8 ~ 9 月。

生境： 生于山谷、密林灌丛中。

分布： 分布于保护区海拔 280 ~ 3000 m。

樟科 (Lauraceae)　　　　　　　　　　　　　　　　　　　　润楠属 (*Machilus*)

利川润楠　*Machilus lichuanensis*

　　形态特征： 常绿乔木。小枝被淡褐色柔毛，基部具芽鳞痕。叶椭圆形或窄倒卵形，幼时上面中脉被淡褐色柔毛，下面密被淡褐色柔毛，后渐稀疏，中脉及侧脉两侧密被柔毛；叶柄后无毛。花序生于新枝基部，花序轴及花梗被灰黄色柔毛；花被片两面被毛。果实扁球形。

　　物候期： 花期 5 月，果期 9 月。

　　生境： 生于开阔山丘、山坡、针阔叶混交林中或山坡崖边。

　　分布： 分布于保护区海拔 700 ～ 800 m。

樟科 (Lauraceae)   润楠属 (*Machilus*)

小果润楠 *Machilus microcarpa*

形态特征： 乔木。小枝纤细，无毛。顶芽卵形，芽鳞宽，早落，密被绢毛。叶倒卵形、倒披针形至椭圆形或长椭圆形，革质，上面光亮，下面带粉绿色；叶柄细弱，无毛。圆锥花序集生小枝枝端，较叶为短；花被裂片卵状长圆形，外面无毛，内面基部有柔毛，有纵脉。果实球形。

物候期： 花期3～4月，果期7～9月。

生境： 生于山地针阔叶混交林中。

分布： 分布于保护区海拔1000～1600 m。

樟科 (Lauraceae)　　　　　　　　　　　　　新木姜子属 (*Neolitsea*)

簇叶新木姜子　*Neolitsea confertifolia*

形态特征: 小乔木。小枝常轮生,幼时被灰褐色短柔毛。叶集生,长圆形、披针形或窄披针形,下面幼时被短柔毛,羽状脉,中脉侧脉两面凸起;叶柄幼时被灰褐短柔毛。伞形花序,几无花序梗。果实卵圆形或椭圆形,灰蓝黑色。

物候期: 花期 4 ~ 5 月,果期 9 ~ 10 月。

生境: 生于山地、水旁、灌丛及山谷密林中。

分布: 分布于保护区海拔 460 ~ 2000 m。

罂粟科（Papaveraceae）   紫堇属（*Corydalis*）

巴东紫堇　*Corydalis racemosa*

形态特征：灰绿色草本。根状茎粗短，顶端常分裂，具基生叶和并发数条柔软的茎；茎具叶，不分枝至具少数腋生小枝。茎生叶互生，具长柄；叶片绿色，下面灰绿色，卵状长圆形，具缺刻状齿或圆齿。总状花序具4~8花，较疏离。蒴果宽卵圆形。

物候期：花期4~5月，果期6~9月。

生境：生于林下。

分布：分布于保护区海拔2000~2100m。

罂粟科 (Papaveraceae)　　　　　　　　　　紫堇属 (*Corydalis*)

蛇果黄堇　*Corydalis ophiocarpa*

形态特征： 丛生草本。具主根；茎多条，具叶，分枝，枝条花葶状，与叶对生。基生叶多数，具膜质翅，叶二回或一回羽状全裂，倒卵圆形或长圆形；茎生叶近一回羽状全裂，叶柄具翅。苞片线状披针形；花冠淡黄色或苍白色，外花瓣先端色较深，内花瓣先端暗紫红色或暗绿色。蒴果线形。

生境： 生于沟谷林缘。

分布： 分布于保护区海拔 1100 ~ 3005 m。

罂粟科（Papaveraceae） 紫堇属（*Corydalis*）

小花黄堇 *Corydalis racemosa*

形态特征：灰绿色丛生草本。具主根；茎具棱，分枝，具叶。茎生叶具短柄，叶二回羽状全裂，一回羽片3~4对，具短柄，二回羽片1~2对，宽卵形，二回3深裂，裂片圆钝。总状花序，多花密集；苞片披针形或钻形，与花梗近等长；萼片卵形；花冠黄色或淡黄色，外花瓣较窄。蒴果线形。种子近肾形。

物候期：花期3~4月，果期4~5月。

生境：生于林缘阴湿地或多石溪边。

分布：分布于保护区海拔400~2070m。

罂粟科（Papaveraceae）　　　　　　　　　　　　　　　紫堇属（*Corydalis*）

地锦苗　*Corydalis sheareri*

形态特征： 多年生草本。主根具多数须根；根状茎粗，具顶芽，叶基宿存。基生叶数枚，具长柄，二回羽状全裂，一回全裂片具柄，二回无柄，卵形，基部楔形；茎生叶数枚，互生。总状花序生于茎顶端；花梗较苞片短；萼片缺刻流苏状；花瓣紫红色。蒴果窄圆柱形。种子近圆形，具多数乳突。

物候期： 花期3~5月，果期5~6月。

生境： 生于水边或林下潮湿地。

分布： 分布于保护区海拔400~1600m。

罂粟科（Papaveraceae）　　　　　　　　　　　紫堇属（*Corydalis*）

大叶紫堇　*Corydalis temulifolia*

形态特征：多年生草本。根具多数须根；根状茎粗，密被枯萎叶基。基生叶数枚，叶腋无芽，二回三出羽状全裂，一回全裂片具长柄，宽卵形或三角形，二回全裂片具短柄或近无柄，卵形或宽卵形。总状花序生于茎枝顶端，花稀疏；苞片上部具齿。蒴果线状圆柱形，近念珠状。种子近圆形。

物候期：花期 3～5 月，果期 5～6 月。

生境：生于常绿阔叶林或混交林下、灌丛中或溪边。

分布：分布于保护区海拔 1800～2700 m。

罂粟科 (Papaveraceae)　　　　　　　　　　　　紫堇属 (*Corydalis*)

神农架紫堇　*Corydalis ternatifolia*

形态特征: 多年生无毛草本。根状茎短,具多数纤维状须根和少数匍匐茎。茎直立,具叶、分枝。叶片二回三出,一回羽片具短柄,二回顶生羽片卵圆形,具短柄,侧生羽片较小,近无柄,全部具锯齿。花红色、紫红色至白色,平展;萼片宽卵圆形,具深齿。蒴果线形。

物候期: 花期4~5月,果期5~7月。

生境: 生于沟谷或溪边。

分布: 分布于保护区海拔1102~1630 m。

罂粟科 (Papaveraceae) 　　　　　　　　　　　血水草属 (*Eomecon*)

血水草　*Eomecon chionantha*

形态特征：多年生草本，具红黄色汁液，无毛。根状茎匍匐，多分枝。基生叶数枚，心形或心状肾形，网脉明显；叶柄基部具窄鞘。萼片舟状，膜质，合成佛焰苞状；花瓣白色，倒卵形。蒴果窄椭圆形。

物候期：花期3～6月，果期6～10月。

生境：生于林下、灌丛下或溪边、路旁。

分布：分布于保护区海拔1300～1800 m。

罂粟科 (Papaveraceae) 　　　　　　　　　荷青花属 (*Hylomecon*)

荷青花　*Hylomecon japonica*

形态特征：多年生草本。茎具条纹，无毛，草质，绿色转红色至紫色。基生叶羽状全裂，宽披针状菱形、倒卵状菱形或近椭圆形，具不规则圆齿状锯齿或重锯齿，两面无毛，具长柄；茎生叶具短柄。花序顶生，稀腋生；萼片卵形，疏被卷毛或无毛；花瓣倒卵圆形或近圆形，具短爪。种子卵圆形。

物候期：花期4~7月，果期5~8月。

生境：生于林下、林缘或沟边。

分布：分布于保护区海拔300~2400m。

十字花科 (Brassicaceae)　　　　　　　　　　　南芥属 (*Arabis*)

圆锥南芥　*Arabis paniculate*

形态特征： 二年生草本。主根圆锥状，顶端具侧根，褐色。茎直立，中上部常呈圆锥状分枝。基生叶簇生，长椭圆形，宿存；茎生叶多数，叶长椭圆形或倒披针形，半抱茎或抱茎，两面密生具柄2~3叉毛及星状毛。总状花序顶生或腋生，圆锥状；萼片长卵形或披针形；花瓣白色，长匙形。种子椭圆形或不规则，具窄翅。

物候期： 花期5~8月，果期7~9月。

生境： 生于山坡林下荒地。

分布： 分布于保护区海拔2000~2800 m。

十字花科 (Brassicaceae)　　　　　　　　　　　　碎米荠属(*Cardamine*)

露珠碎米荠　*Cardamine circaeoides*

形态特征: 多年生草本，无毛。根状茎细长，无叶。茎细弱，不分枝或中上部分枝。基生叶为单叶，稀具2~4小叶，顶生小叶心形或卵形，稀近圆形，边缘波状或近全缘，顶端钝；侧生小叶若存在则远小于顶生小叶。萼片卵形或长圆形，内轮2枚基部不呈囊状，边缘膜质；花瓣白色或浅粉色，匙形。种子卵圆形或宽长圆形，无翅。

物候期: 花果期2~7月。

生境: 生于山谷、沟边及林下阴湿岩石上。

分布: 分布于保护区海拔1350~2500m。

十字花科 (Brassicaceae)　　　　　　　　　　碎米荠属(*Cardamine*)

光头山碎米荠　*Cardamine engleriana*

形态特征： 多年生草本。根状茎细，具数条匍匐茎，匍匐茎生微小单叶。茎单生直立，下部有毛，上部光滑。基生叶和茎下部叶为单叶，肾形，边缘波状；茎生叶为三出复叶，顶生小叶卵形或圆卵形，边缘3～5浅圆裂，叶柄侧生小叶菱状卵形，无柄，抱茎。花瓣白色，倒卵状楔形。种子褐色，长圆形。

物候期： 花期3～4月，果期4～6月。

生境： 生于山坡林下阴湿处或山谷沟边、路旁潮湿处。

分布： 分布于保护区海拔750～850m。

十字花科 (Brassicaceae) 碎米荠属(*Cardamine*)

弯曲碎米荠　*Cardamine flexuosa*

形态特征：一年生或二年生草本。茎较曲折，基部分枝。羽状复叶；基生叶有柄，叶柄常无缘毛，顶生小叶菱状卵形或倒卵形，侧生小叶2～7对，较小，1～3裂；茎生叶的小叶2～5对，小叶倒卵形或窄倒卵形，1～3裂或全缘，叶两面近无毛。花序顶生，花瓣白色，倒卵状楔形。种子顶端有极窄的翅。

物候期：花期3～5月，果期4～6月。

生境：生于田边、路旁、溪边、潮湿林下及草地。

分布：分布于保护区海拔240～3005 m。

十字花科 (Brassicaceae)　　　　　　　　碎米荠属(*Cardamine*)

大叶碎米荠　*Cardamine macrophylla*

形态特征：多年生草本。根状茎匍匐延伸，无鳞片，有结节，无匍匐茎。茎较粗壮，单一或上部分枝。茎生叶3～12，羽状；顶生小叶椭圆形、长圆形或卵状披针形，边缘有钝锯齿、锐锯齿或不等长的重锯齿，无小叶柄。花序顶生和腋生；萼片外轮淡红色；花瓣紫红色或淡紫色。种子褐色。

物候期：花期5～6月，果期7～8月。

生境：生于山谷阴湿地及山坡林下。

分布：分布于保护区海拔1500～1800m。

十字花科 (Brassicaceae)   山菥菜属(*Eutrema*)

山菥菜   *Eutrema yunnanense*

形态特征: 多年生草本。根状茎横卧。近地面处生数茎,直立或斜升。基生叶具柄,叶近圆形,具掌状脉,边缘具波状锯齿;茎生叶具柄,叶长卵形或卵状三角形,向上渐小,具掌状脉,有波状齿或锯齿。总状花序单一,下部的花有苞叶,或花序圆锥状排列;萼片卵形;花瓣白色,长圆形。种子长圆形。

物候期: 花期3~5月,果期4~7月。

生境: 生于林下或山坡草丛、沟边、水中。

分布: 分布于保护区海拔1000~2800m。

283

十字花科 (Brassicaceae) 堇叶芥属 (*Neomartinella*)

堇叶芥 *Neomartinella violifolia*

形态特征：一年生矮小草本。主根细长；叶全为基生，心形或肾形。花葶数个，花单生花葶或在花序上排成疏松总状；萼片卵形，基部不呈囊状；花瓣白色，倒卵形或长圆形，先端深凹。果瓣宽，具中脉；果柄细长，直立向上。种子椭圆形或近圆形。

物候期：花期2～4月，果期3～5月。

生境：生于石缝上。

分布：分布于保护区海拔1500～1600 m。

景天科 (Crassulaceae)　　　　　　　　　　　　　　景天属 (*Sedum*)

小山飘风　*Sedum filipes*

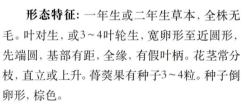

形态特征: 一年生或二年生草本, 全株无毛。叶对生, 或3~4叶轮生, 宽卵形至近圆形, 先端圆, 基部有距, 全缘, 有假叶柄。花茎常分枝, 直立或上升。蓇葖果有种子3~4粒。种子倒卵形, 棕色。

物候期: 花期8月至10月初, 果期10月。

生境: 生于山坡林下。

分布: 分布于保护区海拔800~2000m。

景天科 (Crassulaceae)　　　　　　　　　　　　　　　　　景天属 *(Sedum)*

山飘风　*Sedum majus*

形态特征: 小草本。4叶轮生，叶圆形或卵圆形，先端圆或钝，基部骤窄，下延成叶柄，或近无柄，全缘。伞房状花序；萼片5，近正三角形；花瓣5，白色，长圆状披针形；鳞片长方形；心皮椭圆状披针形或长圆形，直立，无毛。

物候期: 花期7~10月，果期8~10月。

生境: 生于山坡林下石上。

分布: 分布于保护区海拔1000~2300 m。

茶藨子科 (Grossulariaceae)　　　　　　　　　　　茶藨子属 (*Ribes*)

长序茶藨子　*Ribes longiracemosum*

形态特征: 落叶灌木。小枝无毛, 无刺。叶卵圆形, 基部深心形, 两面无毛。花梗疏被柔毛; 花序下部苞片卵圆形或卵状披针形, 花序上部者卵圆形或近圆形; 花萼绿色带紫红色, 无毛, 萼片长圆形或近舌形; 花瓣近扇形。果实球形, 黑色, 无毛。

物候期: 花期4~5月, 果期7~8月。

生境: 生于山坡灌丛、山谷林下或沟边杂木林下。

分布: 分布于保护区海拔1700~2800m。

茶藨子科（Grossulariaceae） 茶藨子属（*Ribes*）

宝兴茶藨子　*Ribes moupinense*

形态特征： 落叶灌木。幼枝无毛，无刺。叶卵圆形或宽三角状卵圆形，基部心形，稀近平截，上面无毛或疏生粗腺毛，下面沿叶脉或脉腋具柔毛或混生少许腺毛，裂片三角状长卵圆形或长三角形。苞片宽卵圆形或近圆形，全缘或稍具小齿，无毛或边缘微具睫毛；花瓣倒三角状扇形；果实球形，黑色，无毛。

物候期： 花期5~6月，果期7~8月。

生境： 生于山坡路边杂木林下、岩石坡地及山谷林下。

分布： 分布于保护区海拔1400~3005 m。

茶藨子科 (Grossulariaceae)　　　　　　　　茶藨子属 (*Ribes*)

细枝茶藨子　*Ribes moupinensev*

形态特征： 落叶灌木。小枝无毛，常具腺毛，无刺。叶长卵圆形，稀近圆形，掌状3～5裂；叶柄无柔毛或具疏腺毛。花单性，雌雄异株；总状花序直立；苞片披针形或长圆状披针形；花萼近辐状，萼筒碟形，萼片舌形或卵圆形，直立；花瓣楔状匙形或近倒卵圆形，暗红色。果实球形，暗红色，无毛。

物候期： 花期5～6月，果期8～9月。

生境： 生于山谷、田边或草地。

分布： 分布于保护区海拔540～2300m。

虎耳草科 (Saxifragaceae)　　　　　　　　　　　　　　落新妇属 (*Astilbe*)

大落新妇　*Astilbe grandis*

形态特征：多年生草本。根状茎粗壮。茎通常不分枝，被褐色长柔毛和腺毛。二至三回三出复叶至羽状复叶；小叶卵形、狭卵形至长圆形，边缘有重锯齿。圆锥花序顶生，通常塔形；小苞片狭卵形，全缘或具齿；萼片卵形、阔卵形至椭圆形，边缘膜质，两面无毛；花瓣白色或紫色，线形，先端急尖，单脉。

物候期：花果期6～9月。

生境：生于林下、灌丛或沟谷阴湿处。

分布：分布于保护区海拔450～2000m。

虎耳草科 (Saxifragaceae)   金腰属 (*Chrysosplenium*)

秦岭金腰 *Chrysosplenium biondianum*

　　形态特征： 多年生草本。茎生叶对生，扇形，具8~12钝齿，基部渐窄成柄，两面疏生褐色乳突。不育枝生于叶腋，叶对生，扇形、宽卵形或扁圆形，具10~16钝齿，基部楔形。花茎无毛。花单性，雌雄异株；雌花黄绿色；萼片开展，宽卵形或扁圆形。蒴果顶端平截，微凹。种子卵圆形，具纵肋，肋上有横沟纹。

　　物候期： 花果期5~7月。

　　生境： 生于林下阴湿处。

　　分布： 分布于保护区海拔1000~2000m。

虎耳草科 (Saxifragaceae)　　　　　　　　金腰属 (*Chrysosplenium*)

肾萼金腰　*Chrysosplenium delavayi*

形态特征： 多年生草本。茎生叶对生，叶宽卵形、近圆形或扇形；叶柄顶生者宽卵形、宽椭圆形或扁圆形，具7～10圆齿，基部宽楔形或稍心形。花序分枝无毛；苞叶宽卵形；萼片开展，扁圆形，先端微凹：子房近下位。蒴果顶端平截，微凹。种子卵圆形。

物候期： 花果期3～6月。

生境： 生于林下、灌丛或山谷石隙。

分布： 分布于保护区海拔500～2800m。

肾萼金腰

虎耳草科（Saxifragaceae）   金腰属（*Chrysosplenium*）

蜕叶金腰　*Chrysosplenium henryi*

形态特征：多年生草本，有长的根状茎。基生叶椭圆形至宽卵形，边缘有浅圆齿，上面有硬毛；茎无毛，茎生叶互生；不育枝无毛，但上部有锈色柔毛；顶部的叶密集，似基生叶。聚伞花序分枝稀疏；苞片叶状，宽卵形或近圆形；萼片绿色，开展；花瓣无。蒴果半下位。种子有微小的乳状突起。

物候期：花果期3～6月。

生境：生于山地林中。

分布：分布于保护区海拔1000～2200 m。

虎耳草科 (Saxifragaceae)   金腰属 (*Chrysosplenium*)

睫毛金腰 *Chrysosplenium lanuginosum* var. *ciliatum*

形态特征: 多年生草本。茎生叶对生, 叶宽卵形、近圆形或扇形; 不育枝之叶对生, 扁圆形, 两面无毛; 叶柄顶生者宽卵形、宽椭圆形或扁圆形, 下面疏生乳突。花单生或聚伞花序; 苞叶宽卵形, 上面有时疏生乳突, 下面被乳突; 萼片先端微凹, 边缘疏生褐色睫毛。

物候期: 花果期4~7月。

生境: 生于林下或山沟石隙。

分布: 分布于保护区海拔1400~2000 m。

虎耳草科 (Saxifragaceae)　　　　　　　　　　　　金腰属 (*Chrysosplenium*)

细弱金腰 *Chrysosplenium lanuginosum* var. *gracile*

　　形态特征: 多年生草本。茎生叶对生; 基生叶较少, 叶片近阔卵形, 边缘具5~8浅齿 (齿先端微凹且具1疣点), 叶基部稍心形。花单生或聚伞花序; 花序分枝无毛; 苞叶宽卵形, 上面有时疏生乳突, 下面被乳突。

　　物候期: 花期3~4月, 果期5~6月。

　　生境: 生于林下阴湿处。

　　分布: 分布于保护区海拔2250~3000m。

虎耳草科 (Saxifragaceae) 金腰属 (*Chrysosplenium*)

大叶金腰 *Chrysosplenium macrophyllum*

形态特征: 多年生草本。不育枝, 叶互生, 宽卵形或近圆形, 具11~13圆齿, 上面疏生褐色柔毛, 下面无毛; 基生叶数枚, 革质, 倒卵形, 上面疏生柔毛, 下面无毛; 茎生叶常1枚, 窄椭圆形。多歧聚伞花序; 苞叶卵形或宽卵形。蒴果顶端平截状, 微凹, 两果瓣近等大。种子近卵圆形, 密被微乳突。

物候期: 花期2~4月, 果期5~6月。

生境: 生于林下或沟旁阴湿处。

分布: 分布于保护区海拔1000~2200m。

虎耳草科 (Saxifragaceae)　　　　　　　　　　　　　　　　金腰属 (*Chrysosplenium*)

微子金腰　*Chrysosplenium microspermum*

形态特征： 多年生草本。叶柄无毛；茎生叶通常3枚，互生，叶片通常近阔卵形，边缘具7～8圆齿（齿间弯缺处具1褐色小疣点），两面无毛，叶柄无毛。蒴果先端近平截而微凹，两果瓣近等大且水平状叉开。种子褐色，近卵球形，具微瘤突。

物候期： 花期3～4月，果期5～6月。

生境： 生于沟谷阴湿处。

分布： 分布于保护区海拔1800～2900 m。

虎耳草科 (Saxifragaceae)　　　　　　　　　　　金腰属 (*Chrysosplenium*)

毛金腰 *Chrysosplenium pilosum*

形态特征: 多年生草本。花序分枝无毛; 苞叶近扇形, 先端钝圆至近截形, 边缘具3~5波状圆齿, 两面无毛, 柄疏生褐色柔毛; 花梗无毛; 萼片具褐色斑点, 阔卵形至近阔椭圆形, 先端钝。蒴果, 两果瓣不等大。种子黑褐色, 阔椭球形。

物候期: 花果期4~7月。

生境: 生于林下阴湿处。

分布: 分布于保护区海拔2000~2800m。

虎耳草科 (Saxifragaceae) 金腰属 (*Chrysosplenium*)

中华金腰 *Chrysosplenium sinicum*

形态特征: 多年生草本。根状茎横走, 不育枝发达, 无毛。叶对生, 宽卵形或近圆形, 稀倒卵形, 具11~29钝齿, 两面无毛, 有时顶生叶下面疏生褐色乳突。花茎无毛。花黄绿色; 萼片直立, 宽卵形或宽椭圆形。蒴果, 两果瓣不等大。种子椭圆形, 被微乳突。

物候期: 花期3~5月, 果期5~6月。

生境: 生于林下或山沟阴湿处。

分布: 分布于保护区海拔500~3005 m。

虎耳草科 (Saxifragaceae)   鬼灯檠属 (*Rodgersia*)

七叶鬼灯檠 *Rodgersia aesculifolia*

形态特征：多年生草本。茎近无毛。掌状复叶具柄，具长柔毛；小叶草质，倒卵形或倒披针形，有重锯齿，上面沿脉疏生近无柄腺毛，下面沿脉具长柔毛，近无柄。多歧聚伞花序圆锥状；萼片开展，近三角形，具羽状脉和弧曲脉。蒴果卵圆形，具喙。

物候期：花期5~7月，果期8~10月。

生境：生于林下、灌丛、草甸和石隙。

分布：分布于保护区海拔1100~2400m。

虎耳草科 (Saxifragaceae)　　　　　　　　　　　　　　　　虎耳草属 (*Saxifraga*)

红毛虎耳草　*Saxifraga rufescens*

形态特征： 多年生草本。叶均基生，肾形、肾圆形或心形，基部心形，9～11浅裂，裂片宽卵形，边缘具锯齿，有时3浅裂，两面和边缘均被腺毛；叶柄被红褐色长腺毛。花葶密被红褐色长腺毛。多歧聚伞花序圆锥状，具10～31花；花序分枝和花梗均被腺毛。蒴果弯垂。

物候期： 花果期7～10月。

生境： 生于林下、林缘、灌丛、高山草甸及岩壁石隙。

分布： 分布于保护区海拔1000～2800 m。

虎耳草科 (Saxifragaceae)　　　　　　　　　　虎耳草属 (*Saxifraga*)

扇叶虎耳草　*Saxifraga rufescens* var. *flabellifolia*

形态特征: 多年生草本。根状茎较长。叶片基部通常楔形至截形。花瓣白色至粉红色,5枚,通常其中4枚较短,披针形至狭披针形,边缘多少具腺睫毛,为弧曲脉序,其中1枚最长,披针形至线形,先端钝或渐尖,边缘多少具腺睫毛。蒴果弯垂。

物候期: 花期6~7月,果期7~9月。

生境: 生于林下、沟边湿地或石隙。

分布: 分布于保护区海拔625~2100m。

虎耳草科 (Saxifragaceae)　　　　　　　　　　　　　　虎耳草属 (*Saxifraga*)

球茎虎耳草　*Saxifraga sibirica*

形态特征： 多年生草本，具鳞茎。茎密被腺柔毛。基生叶具长柄，叶片肾形，两面和边缘均具腺柔毛；叶柄基部扩大，被腺柔毛。聚伞花序伞房状，稀单花；萼片直立，披针形至长圆形，腹面无毛；花瓣白色，倒卵形至狭倒卵形。

物候期： 花期6~8月，果期7~10月。

生境： 生于林下、灌丛、高山草甸和石隙。

分布： 分布于保护区海拔770~2900m。

虎耳草科（Saxifragaceae）

虎耳草属（*Saxifraga*）

虎耳草　*Saxifraga stolonifera*

形态特征： 多年生草本。茎被长腺毛。基生叶近心形、肾形或扁圆形，边缘（5～）7～11浅裂，并具不规则锯齿和腺睫毛，两面被腺毛和斑点；叶柄被长腺毛。茎生叶1～4，叶片披针形。聚伞花序圆锥状，具7～61花。

物候期： 花期6～7月，果期7～11月。

生境： 生于林下、灌丛、草甸和阴湿岩隙。

分布： 分布于保护区海拔400～3005 m。

虎耳草科（Saxifragaceae）   **黄水枝属（*Tiarella*）**

黄水枝 *Tiarella polyphylla*

形态特征：多年生草本。根状茎横走，深褐色。茎不分枝，密被腺毛。叶片心形，掌状3~5浅裂，边缘具不规则浅齿，两面密被腺毛；叶柄基部扩大成鞘状，密被腺毛；托叶褐色。总状花序密被腺毛；花梗被腺毛；无花瓣。种子黑褐色，椭圆球形。

物候期：花果期4~11月。

生境：生于林下、灌丛和阴湿地。

分布：分布于保护区海拔980~3000m。

金缕梅科 (Hamamelidaceae)　　　　　　　　　水丝梨属 (*Sycopsis*)

水丝梨　*Sycopsis sinensis*

形态特征: 常绿乔木。嫩枝被鳞垢;老枝暗褐色,秃净无毛。叶革质,长卵形或披针形,上面深绿色,发亮,秃净无毛,下面橄榄绿色,略有稀疏星状柔毛。雄花穗状花序密集,苞片红褐色,卵圆形,有星毛;雌花或两性花6~14排成短穗状花序;萼筒壶形。蒴果有长丝毛,宿存花柱短。种子褐色。

物候期: 花期4~6月,果期7~9月。

生境: 生于山地常绿林及灌丛。

分布: 分布于保护区海拔900~1100m。

丝缨花科（Garryaceae）　　　　　　　　　桃叶珊瑚属（*Aucuba*）

桃叶珊瑚　*Aucuba chinensis*

形态特征： 小乔木或灌木。叶革质，椭圆形，边缘微反卷，稀粗锯齿；叶柄粗壮。圆锥花序顶生，花序梗被柔毛；雄花4，绿色或紫红色，花萼先端齿裂；雌花子房圆柱状，小苞片2枚，具睫毛；花下关节被毛；萼片、花柱及柱头均宿存顶端。

物候期： 花期1~2月，果实翌年2月成熟。

生境： 常生于常绿阔叶林中。

分布： 分布于保护区海拔240~1000 m。

丝缨花科 (Garryaceae)　　　　　　　　　　　　　桃叶珊瑚属 (*Aucuba*)

喜马拉雅珊瑚　*Aucuba himalaica*

形态特征: 小乔木或灌木。小枝具白色皮孔, 叶痕显著。叶薄革质, 椭圆形或长椭圆形, 稀长圆状披针形, 上面叶脉下凹, 下面被粗毛。雄花组成顶生总状圆锥花序, 紫红色, 幼时密被柔毛, 上段色较浅; 花梗被柔毛; 萼片小, 圆裂; 花瓣长卵形或卵状披针形, 内折。果实卵状长圆形, 成熟时为深红色。

物候期: 花期1～3月, 果期10月至翌年5月。

生境: 生于亚热带常绿阔叶林及常绿落叶阔叶混交林中。

分布: 分布于保护区海拔1500～2300 m。

丝缨花科（Garryaceae） 桃叶珊瑚属（*Aucuba*）

倒心叶珊瑚 *Aucuba obcordata*

　　形态特征: 灌木或小乔木。叶厚纸质至近革质，倒心形或倒卵形，具急尖尾，基部窄楔形，叶脉微下凹，边缘具缺刻状粗锯齿：叶柄被粗毛。雄花组成总状圆锥花序，花较稀疏，紫红色，花瓣具尖尾；雌花序短圆锥状。核果长卵圆形，顶端宿存药柱及柱头。

　　物候期: 花期4～5月，果期11月以后。

　　生境: 常生于林中。

　　分布: 分布于保护区海拔240～1300m。

索 引 （上）

索引1　科名中文名索引 （Index to Chinese Name for Family）

索引2 科名学名索引（Index to Scientific Name for Family）

索引3　植物中文名索引（Index to Chinese Name for Plant）

索引4　植物学名索引（Index to Scientific Name for Plant）

319

湖北巴东金丝猴国家级自然保护区

植物图鉴（下）

刘 虹 覃 瑞 钱才东 编著

科 学 出 版 社

北 京

内 容 简 介

　　湖北巴东金丝猴国家级自然保护区位于湖北省恩施土家族苗族自治州巴东县境内，保护区内动植物品种生物多样性极其丰富，主要保护对象是以川金丝猴、珙桐、红豆杉等为代表的珍稀野生动植物及其栖息地，以及保存完好的亚热带森林生态系统。保护区内分布着大面积的以针叶林和针阔叶混交林为主的原始森林，植物资源非常丰富。本书分上下两册，共收录保护区代表性野生维管植物131科335属560种，每种植物均配以生境、全株、花、果实等特写彩色照片1～5幅，植物命名采用英文版《中国植物志》（*Flora of China*，FOC）学名标准。全书分为石松类和蕨类植物、裸子植物、被子植物双子叶离瓣花类、被子植物双子叶合瓣花类、被子植物单子叶植物五部分，科名的排序采用恩格勒植物分类系统。为方便快速浏览查阅，科内属名和种名按照英文字母排序。

　　本书可供自然保护区工作人员、植物学相关的科研工作者及自然爱好者参考。

图书在版编目（CIP）数据

　　湖北巴东金丝猴国家级自然保护区植物图鉴：全2册/刘虹，覃瑞，钱才东编著.—北京：科学出版社，2024.5
　　（武陵山区国家级自然保护区植物图鉴丛书）
　　ISBN 978-7-03-076930-5

　　Ⅰ.①湖… Ⅱ.①刘… ②覃… ③钱… Ⅲ.①自然保护区—植物—湖北—图集 Ⅳ.① Q948.526.3-64

　　中国国家版本馆 CIP 数据核字（2023）第 217243 号

责任编辑：闫　陶/责任校对：杨　赛
责任印制：彭　超/封面设计：莫彦峰

科学出版社 出版
北京东黄城根北街16号
邮政编码：100717
http://www.sciencep.com

武汉精一佳印刷有限公司印刷
科学出版社发行　各地新华书店经销

*

开本：787×1092　1/16
2024 年 5 月第 一 版　印张：19 1/2
2024 年 5 月第一次印刷　字数：462 000
定价：**528.00元**（全2册）
（如有印装质量问题，我社负责调换）

《湖北巴东金丝猴国家级自然保护区

植物图鉴（下）》作者名单

主　　编：刘　虹　覃　瑞　钱才东

副 主 编：宋法明　谭文赤　赵德缙

编　　委：兰德庆　兰进茂　兰锦玥　田丹丹

　　　　　田　江　朱　云　孙长奎　向妮艳

　　　　　向子军　向　东　刘　娇　杨程超

　　　　　杨　益　杨天戈　张永申　余光辉

　　　　　陆归华　杜志宝　陈　奎　陈喜棠

　　　　　易丽莎　罗　琳　夏　婧　赵　爽

　　　　　唐　银　韩　昕　覃永华　熊海容

　　　　　谭俊艳

主　　审：郭友好

摄　　影：刘　虹　陆归华　兰德庆　易丽莎

"武陵山区国家级自然保护区植物图鉴丛书"

合 作 单 位
（排名不分先后）

中南民族大学

武汉大学

湖北民族大学

湖北省农业科学院中药材研究所

湖北楚湘农业发展投资开发有限公司

湖北巴东金丝猴国家级自然保护区（巴东县）

湖北七姊妹山国家级自然保护区（宣恩县）

湖北星斗山国家级自然保护区（恩施市、利川市、咸丰县）

湖北木林子国家级自然保护区（鹤峰县）

湖北长阳崩尖子国家级自然保护区（长阳土家族自治县）

湖北后河国家级自然保护区（五峰土家族自治县）

目　　录

杜仲科 (Eucommiaceae)   杜仲属 (*Eucommia*)

杜仲 *Eucommia ulmoides*

形态特征: 落叶乔木; 树皮灰褐色, 粗糙, 植株具丝状胶质; 芽卵圆形, 外面发亮, 红褐色; 单叶互生, 椭圆形、卵形或长圆形, 薄革质, 羽状脉, 具锯齿; 叶柄无托叶; 花单性, 雌雄异株, 无花被, 先于叶开放, 或与新叶同出; 雄花簇生, 花梗长约3毫米, 无毛, 具小苞片, 雄蕊5~10枚, 线形; 雌花单生小枝下部, 苞片倒卵形, 花梗长8毫米, 子房无毛; 翅果扁平, 长椭圆形, 先端2裂, 基部楔形, 周围具薄翅。

物候期: 花期4月, 果期10月。

生境: 生于低山、谷地或低坡的疏林里。

分布: 分布于保护区海拔300~600 m。

蔷薇科 (Rosaceae)　　　　　　　　　　　　　　　　　　　　枸子属 (*Cotoneaster*)

矮生枸子　*Cotoneaster dammeri*

形态特征： 常绿灌木；幼枝微被淡黄色平贴柔毛，旋即脱落无毛；叶厚革质，椭圆形或椭圆长圆形，上面无毛，下面微带苍白色；叶柄幼时具淡黄色柔毛，以后逐渐脱落无毛，托叶线状披针形，微具柔毛，多数脱落；花常单生；萼筒钟状，萼片三角形；花瓣平展，近圆形或宽卵形，白色; 果近球形，成熟时鲜红色。

　　物候期： 花期 4~5 月，果期 9~10 月。

　　生境： 生于多石山地或稀疏杂木林内。

　　分布： 分布于保护区海拔 1300~2000 m。

蔷薇科 (Rosaceae) 栒子属 (*Cotoneaster*)

散生栒子 *Cotoneaster divaricatus*

形态特征: 落叶直立灌木,分枝稀疏开展;叶片椭圆形或宽椭圆形,稀倒卵形,全缘,幼时上下两面有短柔毛,老时上面脱落,近无毛;叶柄具短柔毛;托叶线状披针形。萼片三角形,外面有短柔毛,内面仅先端具少数柔毛;花瓣直立,卵形或长圆形,粉红色;果实椭圆形,红色,有稀疏毛。

物候期: 花期4~6月,果期9~10月。

生境: 生于多石砾坡地及山沟灌木丛中。

分布: 分布于保护区海拔1600~3005m。

薔薇科 (Rosaceae)　　　　　　　　　　　　　　　　　　　枸子属 (*Cotoneaster*)

柳叶栒子　*Cotoneaster salicifolius*

形态特征：半常绿或常绿灌木；叶椭圆长圆形至卵状披针形，全缘，上面无毛，具浅皱纹，下面被灰白色绒毛及白霜；叶柄粗壮，具绒毛；花多而密，生成复聚伞花序，密被灰白色绒毛；苞片线形，微具柔毛；花萼密被灰白色绒毛，萼筒钟状，萼片三角形；花瓣平展，卵形或近圆形，白色；果近球形，成熟时深红色。

物候期：花期6月，果期9~10月。

生境：生于山地或沟边杂木林中。

分布：分布于保护区海拔1800~3000 m。

薔薇科 (Rosaceae)   山楂属 (*Crataegus*)

华中山楂 *Crataegus wilsonii*

　　形态特征： 落叶灌木；刺粗壮；当年生枝被白色柔毛，老枝无毛或近无毛；叶卵形或倒卵形，稀三角卵形，边缘有尖锐锯齿；叶柄幼时被白色柔毛，托叶披针形、镰刀形或卵形，边缘有腺齿，早落；伞房花序具多花；花梗和总花梗均被白色绒毛；苞片披针形；萼片卵形或三角卵形，外面被柔毛；花瓣白色，近圆形。

　　物候期： 花期 5 月，果期 8~9 月。

　　生境： 生于山坡阴处密林中。

　　分布： 分布于保护区海拔 1000~2500 m。

蔷薇科（Rosaceae）

草莓属（*Fragaria*）

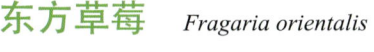

东方草莓 *Fragaria orientalis*

形态特征： 多年生草本；茎被开展柔毛；叶为 3 小叶复叶；小叶质较薄，近无柄，倒卵形或菱状卵形，顶生小叶基部楔形，侧生小叶基部偏斜，上面散生疏柔毛，下面被疏柔毛；叶柄被开展柔毛；花序聚伞状，基部苞片淡绿色或呈小叶状；聚合果半圆形，成熟后紫红色；瘦果卵形。

物候期： 花期 5~7 月，果期 7~9 月。

生境： 生于山坡草地或林下。

分布： 分布于保护区海拔 600~3000 m。

蔷薇科 (Rosaceae)

棣棠花属 (*Kerria*)

棣棠　*Kerria japonica*

形态特征：落叶灌木；小枝绿色，常拱垂；叶互生，三角状卵形或卵圆形，边缘有尖锐重锯齿，两面绿色；托叶膜质，带状披针形，有缘毛；单花，着生在当年生侧枝顶端，花梗无毛；萼片卵状椭圆形，全缘，无毛；花瓣黄色，宽椭圆形；瘦果倒卵形至半球形，褐色或黑褐色，表面无毛，有皱褶。

物候期：花期 4~6 月，果期 6~8 月。

生境：生于山坡灌丛中。

分布：分布于保护区海拔 280~3000 m。

蔷薇科 (Rosaceae)　　　　　　　　　　　　　　　臭樱属 (*Maddenia*)

华西臭樱　*Maddenia wilsonii*

形态特征：小乔木或灌木；叶长圆形或长圆状倒披针形，下面密被赭黄色长柔毛或白色柔毛，脉上毛密色深；叶柄被赭黄色长柔毛，托叶膜质，带状披针形；花梗和总花梗密被绒毛状柔毛，有时带棕色柔毛；苞片近膜质，长椭圆形；萼片10裂，三角状卵形，外被柔毛；花两性；核果卵球形，熟时黑色。

物候期：花期4~6月，果期6月。

生境：生于山坡、灌丛中或河边向阳处。

分布：分布于保护区海拔1500~3005m。

蔷薇科 (Rosaceae)　　　　　　　　　　　　　　　　　　苹果属 (*Malus*)

湖北海棠　*Malus hupehensis*

形态特征: 乔木; 小枝有短柔毛, 不久脱落; 叶卵形至卵状椭圆形, 边缘有细锐锯齿, 嫩时具稀疏短柔毛, 常呈紫红色; 叶柄幼时有稀疏短柔毛, 托叶草质至膜质, 线状披针形; 花4~6朵, 组成伞房花序; 花梗无毛或稍有长柔毛; 苞片膜质, 披针形; 花瓣粉白或近白色, 倒卵形; 果椭圆形或近球形, 黄绿色, 稍带红晕。

物候期: 花期4~5月, 果期8~9月。

生境: 生于山坡或山谷丛林中。

分布: 分布于保护区海拔500~2000m。

蔷薇科（Rosaceae）　　　　　　　　　　　　　　　　　　　　　稠李属（Padus）

稠李　*Padus avium*

　　形态特征： 乔木；幼枝被短绒毛，后脱落无毛；叶椭圆形、长圆形或长圆倒卵形，有不规则锐锯齿，有时混有重锯齿，两面无毛；叶柄幼时被绒毛，后脱落近无毛，顶端两侧各具 1 腺体；总状花序，基部有 2~3 叶；总花梗和花梗无毛；萼筒钟状；萼片三角状卵形；花瓣白色，长圆形；核果卵圆形。

　　物候期： 花期 4~5 月，果期 5~10 月。

　　生境： 生于山坡、山谷或灌丛中。

　　分布： 分布于保护区海拔 880~2500 m。

蔷薇科 (Rosaceae)   稠李属 (*Padus*)

短梗稠李 *Padus brachypoda*

形态特征: 乔木; 小枝被短绒毛或近无毛; 冬芽无毛; 叶长圆形, 稀椭圆形, 有贴生或开展锐锯齿, 齿尖带短芒, 两面无毛或下面脉腋有髯毛; 叶柄无毛, 顶端两侧各有1腺体; 总状花序; 总花梗和花梗均被短柔毛; 萼筒钟状, 萼片三角状卵形; 花瓣白色, 倒卵形; 核果球形, 幼时紫红色, 老时黑褐色, 无毛。

物候期: 花期4~5月, 果期5~10月。

生境: 生于山坡灌丛中或山谷和山沟林中。

分布: 分布于保护区海拔1500~2500m。

蔷薇科（Rosaceae）　　　　　　　　　　　　　　　　委陵菜属（*Potentilla*）

蛇含委陵菜　*Potentilla kleiniana*

形态特征：一年生、二年生或多年生草本；小叶倒卵形或长圆状倒卵形，两面绿色，被疏柔毛；基生叶托叶膜质，淡褐色，外面被疏柔毛或脱落近无毛，茎生叶托叶草质，绿色，卵形或卵状披针形，全缘，外被稀疏长柔毛；花茎上升或匍匐；花梗密被长柔毛；萼片三角状卵圆形；花瓣黄色，倒卵形；瘦果近圆形，具皱纹。

物候期：花果期4~9月。

生境：生于田边、水旁、草甸及山坡草地。

分布：分布于保护区海拔400~3000 m。

蔷薇科 (Rosaceae)　　　　　　　　　　　　　委陵菜属 (*Potentilla*)

银露梅　*Potentilla glabra*

形态特征: 灌木; 小枝灰褐色或紫褐色, 被稀疏柔毛; 羽状复叶, 叶柄被疏柔毛; 小叶椭圆形、倒卵状椭圆形或卵状椭圆形, 边缘全缘, 平坦或微反卷, 两面被疏柔毛或近无毛; 顶生单花或数朵; 花梗细长, 被疏柔毛; 萼片卵形, 副萼片披针形、倒卵状披针形或卵形, 外面被疏柔毛; 花瓣白色, 倒卵形。

物候期: 花果期6~11月。

生境: 生于山坡草地、河谷岩石缝中、灌丛及林中。

分布: 分布于保护区海拔1400~3000 m。

蔷薇科（Rosaceae）   火棘属（Pyracantha）

火棘 *Pyracantha fortuneana*

形态特征： 常绿灌木；侧枝短，先端刺状，嫩枝被锈色短柔毛，后无毛；叶倒卵形或倒卵状长圆形，下延至叶柄，有钝锯齿；复伞房花序，被丝托钟状，萼片三角状卵形，花瓣白色，近圆形；果近球形，橘红或深红色。

物候期： 花期3~5月，果期8~11月。

生境： 生于山地、丘陵地阳坡灌丛草地及河沟路旁。

分布： 分布于保护区海拔500~2800m。

蔷薇科 (Rosaceae) 火棘属 (*Pyracantha*)

全缘火棘 *Pyracantha atalantioides*

形态特征: 常绿灌木或小乔木; 常有枝刺; 嫩枝被黄褐色或灰色柔毛; 叶椭圆形或长圆形, 稀长圆状倒卵形, 全缘或有不明显细齿, 幼时有黄褐色柔毛, 老时无毛, 下面微带白霜; 花多数组成复伞房花序, 总花梗和花梗被黄褐色柔毛; 萼片宽卵形, 和被丝托均被黄褐色柔毛; 花瓣白色, 卵形; 梨果扁球形。

物候期: 花期4~5月, 果期9~11月。

生境: 生于山坡或谷地灌丛疏林中。

分布: 分布于保护区海拔500~1700m。

蔷薇科 (Rosaceae)   蔷薇属 (*Rosa*)

金樱子 *Rosa laevigata*

形态特征： 常绿攀缘灌木；小枝散生扁平弯皮刺，无毛，嫩枝被腺毛，老时渐脱落；小叶革质，通常 3，稀 5，连叶柄；萼片卵状披针形，先端呈叶状，边缘羽状浅裂或全缘，常有刺毛和腺毛，内面密被柔毛；花瓣白色，宽倒卵形；果梨形或倒卵圆形，稀近球形，熟后紫褐色，密被刺毛。

物候期： 花期 4~6 月，果期 7~11 月。

生境： 生于向阳的山野、田边、溪畔灌木丛中。

分布： 分布于保护区海拔 280~1600m。

蔷薇科 (Rosaceae)   悬钩子属 (*Rubus*)

尾叶悬钩子 *Rubus caudifolius*

形态特征: 攀援灌木; 嫩枝密被灰黄色或灰白色绒毛; 单叶, 革质, 长圆状披针形或卵状披针形, 上面无毛, 下面密被铁锈色绒毛; 叶柄被灰黄色至灰白色绒毛, 托叶长圆状披针形, 全缘; 总状花序; 花萼带紫红色, 萼片三角状卵形至三角状披针形, 全缘; 花瓣长圆形, 红色; 果扁球形, 成熟时黑色, 无毛。

　　物候期: 花期5~6月, 果期7~8月。

　　生境: 生于山坡路旁密林内或杂木林中。

　　分布: 分布于保护区海拔800~2200m。

蔷薇科 (Rosaceae) 悬钩子属 (*Rubus*)

绵果悬钩子 *Rubus lasiostylus*

形态特征： 灌木；嫩枝无毛或具柔毛，老时无毛，具针状或微钩状皮刺；叶卵形或椭圆形，上面疏生柔毛，老时无毛，下面密被灰白色绒毛，沿叶脉疏生小皮刺；托叶卵状披针形至卵形，膜质；苞片卵形或卵状披针形，膜质；花萼紫红色，无毛，萼片宽卵形；花瓣近圆形，红色；果球形，成熟时红色。

物候期： 花期6月，果期8月。

生境： 生于山坡灌丛或谷底林下。

分布： 分布于保护区海拔1000~2500 m。

蔷薇科 (Rosaceae)　　　　　　　　　　　　　　　珍珠梅属 (*Sorbaria*)

高丛珍珠梅　*Sorbaria arborea*

形态特征: 落叶灌木; 幼枝微被星状毛或柔毛, 渐脱落; 羽状复叶, 小叶披针形至长圆状披针形, 有重锯齿, 两面无毛或下面微具星状绒毛, 托叶近三角形, 无毛; 圆锥花序, 分枝开展; 苞片线状披针形至披针形, 微被短柔毛; 萼片长圆形至卵形, 无毛; 花瓣白色, 近圆形; 蓇葖果圆柱形, 下垂。

物候期: 花期6~7月, 果期9~10月。

生境: 生于山坡林边、山溪沟边。

分布: 分布于保护区海拔2500~3000m。

薔薇科 (Rosaceae)   花楸属 (*Sorbus*)

湖北花楸　*Sorbus hupehensis*

形态特征: 乔木; 幼枝微被白色绒毛, 不久脱落; 冬芽无毛; 奇数羽状复叶; 小叶4~8对, 长圆状披针形或卵状披针形, 边缘有尖锐锯齿, 近基部1/3或1/2几为全缘, 下面沿中脉有白色绒毛, 后脱落; 叶轴幼时具绒毛, 托叶膜质, 线状披针形, 早落; 复伞房花序, 无毛; 果球形, 白色或带粉红晕, 无毛, 萼片宿存。

　　物候期: 花期5~7月, 果期8~9月。

　　生境: 生于高山阴坡或山沟密林内。

　　分布: 分布于保护区海拔1500~3000 m。

蔷薇科 (Rosaceae)　　　　　　　　　　　　　　　　　　花楸属 (*Sorbus*)

陕甘花楸　*Sorbus koehneana*

形态特征：灌木或小乔木；奇数羽状复叶；小叶 8~12 对，长圆形至长圆状披针形，下面中脉有疏柔毛或近无毛；叶轴两面微具窄翅，有疏柔毛或近无毛，托叶草质，披针形，有锯齿，复伞房花序，有疏白色柔毛；花萼无毛，萼片三角形，先端圆钝；花瓣宽卵形，白色；果球形，白色。

　　物候期：花期 6 月，果期 9 月。

　　生境：生于山区杂木林。

　　分布：分布于保护区海拔 2300~2900 m。

蔷薇科 (Rosaceae)   绣线菊属 (*Spiraea*)

粉花绣线菊 *Spiraea japonica*

形态特征： 直立灌木；小枝无毛或幼时被短柔毛；叶卵形至卵状椭圆形，具缺刻状重锯齿或单锯齿，上面无毛或沿叶脉微具短柔毛，下面常沿叶脉有柔毛；复伞房花序生于当年生直立新枝顶端，密被短柔毛；苞片披针形至线状披针形，下面微被柔毛；花萼有疏柔毛，萼片三角形；花瓣卵形至圆形，粉红色。

物候期： 花期6~7月，果期8~9月。

生境： 生于杂木林内或草坡上。

分布： 分布于保护区海拔2500~2700 m。

蔷薇科 (Rosaceae) 绣线菊属 (*Spiraea*)

光叶粉花绣线菊　*Spiraea japonica* var. *fortunei*

形态特征： 直立灌木；小枝无毛或幼时被短柔毛；叶长圆状披针形，具尖锐重锯齿，上面有皱纹，两面无毛，下面常沿叶脉有柔毛；叶柄被短柔毛；复伞房花序生于当年生直立新枝顶端，密被短柔毛；苞片披针形或线状披针形，下面微被柔毛；花萼有疏柔毛，萼片三角形；花瓣卵形或圆形，粉红色。

物候期： 花期 6~7 月，果期 8~9 月。

生境： 生于山坡、田野或杂木林下。

分布： 分布于保护区海拔 700~3000 m。

蔷薇科 (Rosaceae)　　　　　　　　　　　　　　　　　　　　　绣线菊属 (*Spiraea*)

无毛粉花绣线菊　*Spiraea japonica* var. *glabra*

形态特征：直立灌木；小枝无毛或幼时被短柔毛；叶卵形、卵状长圆形或长椭圆形，基部楔形或圆形，具尖锐重锯齿，两面无毛；复伞房花序无毛，花粉红色；蓇葖果半开张，无毛或沿腹缝有疏柔毛，宿存花柱顶生，宿存萼片常直立。

物候期：花期6~7月，果期8~9月。

生境：生于多石砾地或林下、林缘。

分布：分布于保护区海拔1600~1900m。

蔷薇科 (Rosaceae)　　　　　　　　　　　　　　绣线菊属 (*Spiraea*)

鄂西绣线菊　*Spiraea veitchii*

形态特征：灌木；枝条呈拱形弯曲，幼时被短柔毛，稍有棱角，老时无毛；叶长圆形、椭圆形或倒卵形，全缘；上面无毛，下面被极细柔毛，羽状脉不明显；复伞房花序着生于侧枝顶端，密被极细短柔毛；萼筒钟状，被细柔毛，萼片三角形；花瓣卵形或近圆形，先端圆钝，白色；蓇葖果小，开张。

物候期：花期5～7月，果期7～10月。

生境：山坡草地或灌木丛中。

分布：分布于保护区海拔2000～3000 m。

薔薇科（Rosaceae）   红果树属（*Stranvaesia*）

波叶红果树 *Stranvaesia davidiana* var. *undulata*

形态特征： 灌木或小乔木；叶片较小，椭圆长圆形至长圆披针形，边缘波皱起伏；复伞房花序密集多花，近无毛，萼片三角状卵形；花瓣白色，近圆形，基部具短爪；果橘红色；种子长椭圆形。

物候期： 花期5～6月，果期9～10月。

生境： 生于山坡、灌木丛中、河谷、山沟潮湿地区。

分布： 分布于保护区海拔900～3000 m。

豆科 (Fabaceae)　　　　　　　　　　　　　　　黄芪属 (*Astragalus*)

武陵紫云英　*Astragalus wulingensis*

形态特征: 多年生草本; 小叶4对(稀3或5对); 总状花序短于叶, 小花在总状花序顶端簇生且下垂; 花冠白色或在先端略显黄色; 花萼管状, 裂片线形; 果柄向上。

　　生境: 生长于山谷阔叶林下。

　　分布: 分布于保护区海拔1240~1700 m。

豆科 (Fabaceae)   首冠藤属 (*Cheniella*)

细花首冠藤 *Cheniella tenuiflora*

形态特征： 木质藤本；卷须略扁，旋卷。叶较薄，近膜质；叶柄纤细。伞房花序式的总状花序顶生或与叶对生，具密集的花；苞片与小苞片线形，锥尖；萼片卵形，急尖，外被锈色绒毛；花瓣白色，倒卵形，边缘皱波状；子房无毛，具柄，柱头盘状。荚果带状，无毛，不开裂；种子卵形，极扁平。

物候期： 花期6~7月，果期9~12月。

生境： 生于山坡阳处疏林中和沟谷的密林或灌丛中。

分布： 分布于保护区海拔300~700 m。

豆科 (Fabaceae)　　　　　　　　　　　　　　　　云实属 (*Biancaea*)

云实　*Biancaea decapetala*

形态特征: 藤本; 树皮暗红色; 枝、叶轴和花序均被柔毛和钩刺。小叶膜质, 长圆形; 托叶小, 斜卵形。总状花序顶生, 直立, 具多花; 花梗被毛; 萼片长圆形, 被短柔毛; 花瓣黄色, 膜质, 圆形或倒卵形; 荚果长圆状舌形, 脆革质, 栗褐色, 无毛; 种子椭圆状, 种皮棕色。

物候期: 花果期4~10月。

生境: 生于山坡灌丛中及平原、丘陵、河旁等地。

分布: 分布于保护区海拔400~1500m。

豆科 (Fabaceae)   笼子梢属 (*Campylotropis*)

笼子梢 *Campylotropis macrocarpa*

形态特征: 灌木；小枝贴生或近贴生短或长柔毛，嫩枝毛密，老枝常无毛；总状花序单一（稀二）腋生并顶生；苞片卵状披针形；花萼钟形，通常贴生短柔毛，萼裂片狭三角形或三角形，渐尖；花冠紫红色或近粉红色，旗瓣椭圆形、倒卵形或近长圆形等。荚果长圆形、近长圆形或椭圆形，无毛。

物候期: 花、果期(5~)6~10月。

生境: 生于山坡、灌丛、林缘、山谷沟边及林中。

分布: 分布于保护区海拔250~2000 m。

豆科 (Fabaceae)   瓦子草属 (*Puhuaea*)

瓦子草 *Puhuaea sequax*

形态特征: 灌木; 幼枝和叶柄被锈色柔毛, 有时混有小钩状毛; 叶具3小叶, 顶生小叶卵状椭圆形或圆菱形, 边缘自中部以上呈波状; 总状或圆锥花序, 花冠紫色, 旗瓣椭圆形或宽椭圆形, 翼瓣窄椭圆形, 具瓣柄和耳, 龙骨瓣具长瓣柄; 荚果两缝线缢缩呈念珠状, 密被褐色小钩状毛。

生境: 生于山地草坡或林缘。

分布: 分布于保护区海拔1000~2800m。

豆科 (Fabaceae)　　　　　　　　　　　　　　　长柄山蚂蝗属 (*Hylodesmum*)

羽叶长柄山蚂蝗　*Hylodesmum oldhamii*

形态特征：多年生草本，茎直立；根茎木质，较粗壮；叶为羽状复叶；托叶钻形；小叶纸质，披针形、长圆形或卵状椭圆形，两面疏被短柔毛，全缘；花冠紫红色，旗瓣宽椭圆形，具短瓣柄，翼瓣、龙骨瓣狭椭圆形，具短瓣柄；荚果扁平。

物候期：花期8~9月，果期9~10月。

生境：生于山坡杂木林下、山沟溪流旁林下、灌丛及多石砾地。

分布：分布于保护区海拔300~1800 m。

豆科 (Fabaceae) 胡枝子属 (*Lespedeza*)

大叶胡枝子 *Lespedeza davidii*

形态特征: 灌木; 小枝密被长柔毛; 叶具3小叶; 叶柄密被短硬毛; 小叶宽卵圆形或宽倒卵形, 两面密被黄白色丝状毛; 总状花序比叶长或于枝顶组成圆锥花序, 总花梗密被长柔毛; 花冠红紫色, 旗瓣倒卵状长圆形; 荚果卵形, 稍歪斜。

物候期: 花期7~9月, 果期9~10月。

生境: 生于干旱山坡、路旁或灌丛中。

分布: 分布于保护区海拔700~800m。

豆科 (Fabaceae)　　　　　　　　　　　　　　　　　　葛属 (*Pueraria*)

 葛　*Pueraria montana*

形态特征：粗壮藤本，全体被黄色长硬毛，茎基部木质，有粗厚的块状根。羽状复叶；小托叶线状披针形；小叶柄被黄褐色绒毛。总状花序，中部以上有颇密集的花；苞片线状披针形至线形；小苞片卵形；花萼钟形，被黄褐色柔毛，裂片披针形；花冠紫色，旗瓣倒卵形；荚果长椭圆形，扁平，被褐色长硬毛。

物候期：花期9～10月，果期11～12月。

生境：生于山地疏或密林中。

分布：分布于保护区海拔300～1100m。

豆科 (Fabaceae)

豇豆属 (*Vigna*)

野豇豆　*Vigna vexillata*

形态特征: 多年生攀缘或蔓生草本; 根纺锤形, 木质; 茎被开展的棕色刚毛, 老时渐变为无毛。羽状复叶具3小叶; 托叶卵形至卵状披针形, 被缘毛; 小叶膜质, 卵形至披针形, 两面被棕色或灰色柔毛; 花序腋生; 花萼被棕色或白色刚毛, 裂片线形或线状披针形; 旗瓣黄色、粉红色或紫色。荚果直立, 线状圆柱形; 种子浅黄色至黑色。

物候期: 花期7~9月。

生境: 生于旷野、灌丛或疏林中。

分布: 分布于保护区海拔300~1300 m。

酢浆草科 (Oxalidaceae)　　　　　　　　　　　　　　　　酢浆草属 (*Oxalis*)

山酢浆草　*Oxalis griffithii*

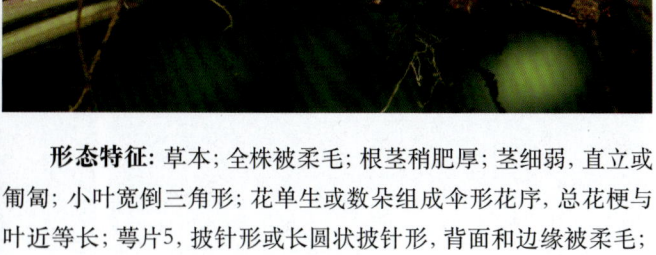

形态特征: 草本; 全株被柔毛; 根茎稍肥厚; 茎细弱, 直立或匍匐; 小叶宽倒三角形; 花单生或数朵组成伞形花序, 总花梗与叶近等长; 萼片5, 披针形或长圆状披针形, 背面和边缘被柔毛; 花瓣5, 黄色, 长圆状倒卵形; 蒴果椭圆形。

物候期: 花、果期2~9月。

生境: 生于山地阴湿林下、灌丛和溪流边。

分布: 分布于保护区海拔1000~1500 m。

牻牛儿苗科 (Geraniaceae)　　　　　　　　老鹳草属 (*Geranium*)

兴安老鹳草　*Geranium maximowiczii*

形态特征： 多年生草本；根茎短粗，上部围有残存基生托叶；茎直立，假二叉状分枝，具棱槽，下部被倒向开展的疏糙毛，上部密被开展的长糙毛；基生叶具长柄，茎上的叶对生，叶片肾圆形，基部深心形，掌状深裂。花序腋生和顶生；苞片钻状或狭披针形；萼片椭圆状卵形或长卵形，外被长糙毛，先端具细尖头；花瓣紫红色，倒圆卵形，被糙毛；蒴果。

物候期： 花期7~8月，果期8~9月。

生境： 生于山坡、田野或杂木林下。

分布： 分布于保护区海拔700~3000m。

芸香科（Rutaceae）　　　　　　　　　　石椒草属（*Boenninghausenia*）

臭节草　*Boenninghausenia albiflora*

形态特征：常绿草本，枝、叶灰绿色，稀紫红色，嫩枝的髓部大而空心，小枝多。叶薄纸质，小裂片倒卵形、菱形或椭圆形，背面灰绿色，老叶常变褐红色。花序有花甚多，花枝纤细，基部有小叶；花瓣白色，有时顶部桃红色，长圆形或倒卵状长圆形，有透明油点；种子肾形，褐黑色，表面有细瘤状凸体。

物候期：花果期7~11月。

生境：生于山地草丛中或疏林下，土山或石岩山地。

分布：分布于保护区海拔1500~2800m。

芸香科 (Rutaceae)　　　　　　　　　　　　　　　　　　　　柑橘属 (*Citrus*)

宜昌橙　*Citrus cavaleriei*

形态特征： 小乔木或灌木；枝干多劲直锐刺。叶卵状披针形，大小差异很大。花通常单生于叶腋；花蕾阔椭圆形；萼片 5 浅裂；花瓣淡紫红色或白色；雄蕊 20~30 枚，花丝合生成多束，偶有个别离生；花柱比花瓣短，早落，柱头约与子房等宽。果扁圆形、圆球形或梨形，顶部短乳头状突起或圆浑；果肉淡黄白色，甚酸，兼有苦及麻舌味；种子 30 粒以上。

物候期： 花期 5~6 月，果期 10~11 月。

生境： 生于山坡杂木林中。

分布： 分布于保护区海拔 800~2000 m。

芸香科 (Rutaceae)　　　　　　　　　　　黄檗属 (*Phellodendron*)

黄檗　*Phellodendron amurense*

形态特征： 成年树的树皮有厚木栓层，浅灰或灰褐色，深沟状或不规则网状开裂，内皮薄，鲜黄色，味苦，黏质，小枝暗紫红色，无毛。小叶薄纸质或纸质，卵状披针形或卵形，叶缘有细钝齿和缘毛，叶背仅基部中脉两侧密被长柔毛，秋季落叶前叶色由绿转黄而明亮；花序顶生；萼片阔卵形；花瓣紫绿色；果圆球形，蓝黑色。

物候期： 花期5~6月，果期9~10月。

生境： 多生于山地杂木林中或山区河谷沿岸。

分布： 分布于保护区海拔800~1200m。

芸香科 (Rutaceae)   花椒属 (*Zanthoxylum*)

竹叶花椒 *Zanthoxylum armatum*

形态特征： 落叶小乔木；小枝上的刺劲直，水平抽出。叶有小叶，一般 3~9，翼叶明显，小叶对生，披针形，顶端中央一片最大，基部一对最小；小叶柄甚短或无柄。花序近腋生或同时生于侧枝之顶，花约 30 朵以内；花被片 6~8 片，形状与大小几相同；雄花的雄蕊 5~6 枚；雌花有心皮 2~3 个。果紫红色，有微凸起，少数油点。

物候期： 花期 4~5 月，果期 8~10 月。

生境： 生于多类生境，石灰岩山地亦常见。

分布： 分布于保护区海拔 240~2200 m。

芸香科（Rutaceae）　　　　　　　　　　　　　花椒属（Zanthoxylum）

蚬壳花椒 *Zanthoxylum dissitum*

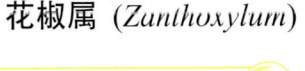

形态特征： 木质藤本；奇数羽状复叶；小叶互生或近对生，厚纸质或近革质，长椭圆形或披针形，稀近圆形，全缘，无毛，上面中脉凹下，有时下面中脉具钩刺，油点细小；萼片及花瓣均4片，油点不明显；萼片紫绿色，宽卵形；花瓣淡黄绿色，宽卵形。

物候期： 花期4~5月，果期9~10月。

生境： 生于坡地杂木林或灌木丛中，石灰岩山地及土山均有生长。

分布： 分布于保护区海拔300~1500m。

蚬壳花椒

芸香科 (Rutaceae)　　　　　　　　　　　花椒属 (*Zanthoxylum*)

花椒簕　*Zanthoxylum scandens*

形态特征：藤状灌木；小枝细长披垂，枝干具短钩刺；奇数羽状复叶，小叶草质，互生或叶轴上部叶对生，卵形、卵状椭圆形或斜长圆形，全缘或上部具细齿，叶轴具短钩刺；聚伞状圆锥花序腋生或顶生；花单性；萼片淡紫绿色，宽卵形；花瓣淡黄绿色；果瓣紫红色，顶端具短芒尖，油点不明显。

物候期：花期 3~5 月，果期 7~8 月。

生境：生于山坡灌木丛或疏林下。

分布：分布于保护区海拔 240~1500 m。

远志科 (Polygalaceae) 远志属 (*Polygala*)

瓜子金 *Polygala japonica*

形态特征: 多年生草本; 叶厚纸质或近革质, 卵形或卵状披针形, 稀窄披针形, 无毛或沿脉被柔毛; 叶柄被柔毛; 总状花序与叶对生, 或腋外生; 花梗被柔毛; 花瓣白色或紫色, 龙骨瓣舟状, 具流苏状附属物; 蒴果球形, 具宽翅; 种子密被白色柔毛。

物候期: 花期4~5月, 果期5~8月。

生境: 生于山坡草地或田埂上。

分布: 分布于保护区海拔800~2100m。

远志科 (Polygalaceae)　　　　　　　　　　　　　　　　远志属 (*Polygala*)

长毛籽远志　*Polygala wattersii*

形态特征: 小乔木或灌木; 幼枝被腺毛状柔毛; 叶近革质, 椭圆形、椭圆状披针形或倒披针形, 无毛; 总状花序被白色腺毛状柔毛; 花瓣黄色, 稀白色或紫红色; 花盘高脚碟状; 蒴果倒卵形或楔形; 种子卵形, 密被长毛。

物候期: 花期4~6月, 果期5~7月。

生境: 生于石山阔叶林中或灌丛中。

分布: 分布于保护区海拔1000~1700 m。

大戟科 (Euphorbiaceae)　　　　　　　　　　　　　　　**山麻秆属** (*Alchornea*)

山麻秆　*Alchornea davidii*

形态特征： 落叶灌木，嫩枝被灰白色短绒毛，一年生小枝具微柔毛。叶薄纸质，阔卵形或近圆形；小托叶线状，具短毛；雌雄异株，雄花序穗状，呈柔荑花序状，雌花序总状，顶生，苞片三角形，小苞片披针形；蒴果近球形，具3圆棱；种子卵状三角形，种皮淡褐色或灰色，具小瘤体。

物候期： 花期3~5月，果期6~7月。

生境： 生于沟谷或溪畔、河边的坡地灌丛中，或栽种于坡地。

分布： 分布于保护区海拔300~700m。

大戟科 (Euphorbiaceae)　　　　　　　　　　**丹麻秆属** (*Discocleidion*)

假奓包叶　*Discocleidion rufescens*

形态特征：灌木或小乔木；小枝、叶柄、花序均密被白色或淡黄色长柔毛。叶纸质，卵形或卵状椭圆形，上面被糙伏毛，下面被绒毛，叶脉上被白色长柔毛；叶柄顶端具2枚线形小托叶，被毛，边缘具黄色小腺体。总状花序或下部多分枝呈圆锥花序，苞片卵形；蒴果扁球形，被柔毛。

物候期：花期4~8月，果期8~10月。

生境：生于林中或山坡灌丛中。

分布：分布于保护区海拔250~1000 m。

大戟科 (Euphorbiaceae) 大戟属 (*Euphorbia*)

湖北大戟 *Euphorbia hylonoma*

形态特征：多年生草本，全株光滑无毛。根粗线形。茎直立，上部多分枝。叶互生，长圆形至椭圆形，变异较大，先端圆，基部渐狭，叶面绿色，叶背有时淡紫色或紫色；总苞钟状，边缘4裂，裂片三角状卵形，全缘，被毛；淡黑褐色。蒴果球状。种子卵圆状，灰色或淡褐色，光滑。

物候期：花期4~7月，果期6~9月。

生境：生于山沟、山坡、灌丛、草地、疏林等地。

分布：分布于保护区海拔280~2400m。

大戟科 (Euphorbiaceae)　　　　　　　　　　　　　大戟属 (*Euphorbia*)

钩腺大戟 *Euphorbia sieboldiana*

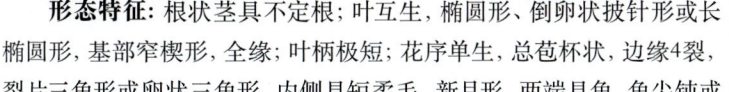

形态特征： 根状茎具不定根；叶互生，椭圆形、倒卵状披针形或长椭圆形，基部窄楔形，全缘；叶柄极短；花序单生，总苞杯状，边缘4裂，裂片三角形或卵状三角形，内侧具短柔毛，新月形，两端具角，角尖钝或长刺芒状，常黄褐色；蒴果三棱状球形，光滑；种子近长卵圆形，灰褐色，具不明显纹饰。

物候期： 花果期4~9月。

生境： 生于田间、林缘、灌丛、林下、山坡、草地，生境较杂。

分布： 分布于保护区海拔240~1500 m。

大戟科 (Euphorbiaceae)　　　　　　　　　　　乌桕属 (*Triadica*)

乌桕　*Triadica sebifera*

形态特征: 乔木, 各部均无毛; 枝带灰褐色, 具细纵棱, 有皮孔。叶互生, 纸质, 叶片菱形、菱状卵形或稀有菱状倒卵形, 全缘; 叶柄纤细, 顶端具2腺体; 花单性, 雌雄同株, 聚集成顶生。苞片卵形或阔卵形; 小苞片长圆形, 蕾期紧抱花梗; 蒴果近球形, 成熟时黑色, 横切面呈三角形, 外被白色、蜡质的假种皮。

物候期: 花期4~8月。

生境: 生于旷野、塘边或疏林中。

分布: 分布于保护区海拔300~800m。

051

大戟科 (Euphorbiaceae)　　　　　　　　　　　　　　油桐属 (*Vernicia*)

油桐　*Vernicia fordii*

形态特征： 落叶乔木；树皮灰色，近光滑；枝条粗壮，无毛，具明显皮孔。叶卵圆形，全缘，稀1~3浅裂，叶上面深绿色，无毛，下面灰绿色，被贴伏微柔毛；花雌雄同株，先于叶或与叶同时开放；花萼外面密被棕褐色微柔毛；花瓣白色，有淡红色脉纹，倒卵形；核果近球状，果皮光滑。

物候期： 花期3~4月，果期8~9月。

生境： 生于丘陵山地。

分布： 分布于保护区海拔240~1000m。

虎皮楠科 (Daphniphyllaceae)　　　　　虎皮楠属 (*Daphniphyllum*)

交让木　*Daphniphyllum macropodum*

形态特征： 灌木或小乔木；小枝粗壮，暗褐色，具圆形大叶痕。叶革质，长圆形至倒披针形，叶面具光泽，干后叶面绿色，叶背淡绿色，无乳突体，有时略被白粉，侧脉纤细而密，两面清晰；叶柄紫红色，粗壮。花蕾不育；果椭圆形，暗褐色，有时被白粉，具疣状皱褶。

物候期： 花期3~5月，果期8~10月。

生境： 生于阔叶林中。

分布： 分布于保护区海拔600~1900 m。

黄杨科 (Buxaccac)　　　　　　　　　　　　　　　　黄杨属 (*Buxus*)

黄杨　*Buxus sinica*

形态特征： 灌木或小乔木；枝圆柱形，有纵棱，灰白色；小枝四棱形，全面被短柔毛或外方相对两侧面无毛。叶革质，阔椭圆形、阔倒卵形、卵状椭圆形或长圆形，叶面光亮，中脉凸出，侧脉明显，叶背中脉平坦或稍凸出，全无侧脉。花序腋生，头状，花密集，苞片阔卵形，背部多少有毛；蒴果近球形。

物候期： 花期3月，果期5~6月。

生境： 多生于山谷、溪边、林下。

分布： 分布于保护区海拔1200~2600 m。

黄杨科（Buxaceae）   黄杨属（*Buxus*）

尖叶黄杨　*Buxus sinica* var. *aemulans*

形态特征： 灌木或小乔木；枝圆柱形，有纵棱，灰白色；小枝四棱形，全面被短柔毛或外方相对两侧面无毛；叶椭圆状披针形或披针形，顶尖锐或稍钝，中脉两面均凸出，叶面侧脉多而明显，叶背平滑或干后稍有皱纹；花序腋生，头状，花密集，被毛，苞片阔卵形；蒴果近球形。

物候期： 花期3月，果期5~6月。

生境： 生于溪边岩上或灌丛中。

分布： 分布于保护区海拔600~2000m。

黄杨科（Buxaceae）　　　　　　　　　　板凳果属（*Pachysandra*）

顶花板凳果 *Pachysandra terminalis*

形态特征： 常绿草本，枝、叶灰绿色，稀紫红色，嫩枝的髓部大而空心，小枝多。叶薄纸质，小裂片倒卵形、菱形或椭圆形，背面灰绿色，老叶常变褐红色。花序有花甚多，花枝纤细，基部有小叶；花瓣白色，有时顶部桃红色，长圆形或倒卵状长圆形，有透明油点；种子肾形，褐黑色，表面有细瘤状凸体。

物候期： 花果期7~11月。

生境： 生于山地草丛中或疏林下，土山或石岩山地。

分布： 分布于保护区海拔1500~2800m。

马桑科 (Coriariaceae)   马桑属 (*Coriaria*)

马桑 *Coriaria nepalensis*

　　形态特征: 灌木, 幼枝疏被微柔毛, 后变无毛, 常带紫色, 老枝紫褐色, 具显著圆形突起的皮孔; 芽鳞膜质, 卵形或卵状三角形, 紫红色, 无毛。叶对生, 纸质至薄革质, 椭圆形或阔椭圆形, 全缘; 叶短柄, 疏被毛, 紫色, 基部具垫状突起物。苞片和小苞片卵圆形, 膜质, 半透明; 花瓣极小, 卵形, 肉质; 种子卵状长圆形。

　　物候期: 花期2~5月, 果期5~8月。

　　生境: 生于灌丛中。

　　分布: 分布于保护区海拔400~3005m。

漆树科（Anacardiaceae）　　　　　　　　　　　黄栌属（*Cotinus*）

黄栌　*Cotinus coggygria*

形态特征： 灌木；叶片宽椭圆形至倒卵形，两面被灰色的短柔毛或背面被较明显的灰色短柔毛；圆锥花序；花杂性，花萼无毛，裂片卵状三角形；花瓣卵形或卵状披针形，无毛；果肾形，无毛。

物候期： 花期 2~8 月，果期 5~11 月。

生境： 生于山地森林和灌丛中。

分布： 分布于保护区海拔 250~500 m。

漆树科 (Anacardiaceae) 　　　　　　　　　　黄连木属 (*Pistacia*)

黄连木　*Pistacia chinensis*

形态特征： 落叶乔木；小叶近对生，纸质，披针形或线状披针形，先端渐尖或长渐尖，基部窄楔形或近圆，侧脉两面凸起；雌花花萼7~9裂，外层2~4片，披针形或线状披针形，内层5片，卵形或长圆形；核果红色，均为空粒，不能成苗，绿色果实含成熟种子，可育苗。

生境： 生于石山林中。

分布： 分布于保护区海拔240~3000 m。

漆树科（Anacardiaceae）　　　　　　　　　　　　盐麸木属（*Rhus*）

盐麸木　*Rhus chinensis*

　　形态特征：小乔木或灌木；小枝被锈色柔毛；复叶具7~13小叶，叶轴具叶状宽翅，小叶椭圆形或卵状椭圆形，具粗锯齿；圆锥花序被锈色柔毛，雄花序较雌花序长；花白色，苞片披针形，花萼被微柔毛，裂片长卵形，花瓣倒卵状长圆形，外卷；核果红色，扁球形，被柔毛及腺毛。

　　物候期：花期8~9月，果期10月。

　　生境：生于向阳山坡、沟谷、溪边的疏林或灌丛中。

　　分布：分布于保护区海拔270~2700 m。

漆树科（Anacardiaceae）　　　　　　　　　　盐麸木属（*Rhus*）

红麸杨　*Rhus punjabensis* var. *sinica*

形态特征: 落叶乔木或小乔木；树皮灰褐色，小枝被微柔毛；奇数羽状复叶；叶卵状长圆形或长圆形，全缘，侧脉较密，不达边缘；圆锥花序密被微绒毛；苞片钻形，被微绒毛；花小，白色；花萼外被微柔毛，裂片狭三角形；花瓣长圆形，两面被微柔毛；核果近球形，成熟时暗紫红色。

物候期: 花期5月，果期9~10月。

生境 生于石灰山灌丛或密林中。

分布: 分布于保护区海拔460~3000m。

漆树科（Anacardiaceae）　　　　　　　　　　漆树属（*Toxicodendron*）

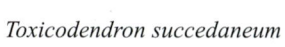

野漆 *Toxicodendron succedaneum*

形态特征： 乔木；各部无毛；顶芽紫褐色，小枝粗；复叶长25~35cm，具9~15小叶，无毛，小叶长圆状椭圆形或宽披针形，下面常被白粉，侧脉15~22对；花黄绿色；花萼裂片宽卵形；花瓣长圆形；核果斜卵形，稍侧扁，不裂。

生境： 生于林中。

分布： 分布于保护区海拔300~3005m。

漆树科（Anacardiaceae）   漆树属（*Toxicodendron*）

毛漆树　*Toxicodendron trichocarpum*

形态特征：乔木或灌木；复叶具9~15小叶，叶轴及叶柄被微毛；小叶卵形或卵状椭圆形，两面被黄色柔毛或上面近无毛，具缘毛；近无柄；小枝及花序被黄褐色微硬毛；核果扁球形，被短刺毛，不裂，中果皮蜡质，具褐色树脂条纹。

物候期：花期6月，果期7~9月。

生境：生于山坡密林或灌丛中。

分布：分布于保护区海拔900~2500m。

冬青科（Aquifoliaceae）　　　　　　　　　　　　　　　　　　冬青属（*Ilex*）

猫儿刺　*Ilex pernyi*

形态特征： 常绿灌木或乔木；树皮银灰色，纵裂；幼枝黄褐色，被短柔毛，二至三年生小枝圆形或近圆形，密被污灰色短柔毛；叶片革质，卵形或卵状披针形；花淡黄色，全部4基数；花梗无毛，小苞片具缘毛；花萼4裂，裂片阔三角形或半圆形，具缘毛；花冠辐状，花瓣椭圆形；果球形或扁球形，成熟时红色，宿存花萼四角形。

物候期： 花期4~5月，果期10~11月。

生境： 生于山谷林中或山坡、路旁灌丛中。

分布： 分布于保护区海拔1050~2500m。

冬青科（Aquifoliaceae）   冬青属（*Ilex*）

云南冬青 *Ilex yunnanensis*

形态特征：叶片革质至薄革质，卵形、卵状披针形，或稀椭圆形，边缘具细圆齿状锯齿，齿尖常为芒状小尖头；叶面绿色，干后黑褐色至褐色，背面淡绿色，干后淡褐色，两面无毛，主脉在叶面凸起，密被短柔毛，背面平坦或凸起，无毛；叶柄密被短柔毛。雄花为聚伞花序，被短柔毛或近无毛。

物候期：花期 5~6 月，果期 8~10 月。

生境：生于山地，河谷常绿阔叶林、杂木林、铁杉林中或林缘，灌木丛中，杜鹃林中。

分布：分布于保护区海拔 1500~2650 m。

青荚叶科 (Helwingiaceae)   青荚叶属 *(Helwingia)*

中华青荚叶   *Helwingia chinensis*

形态特征： 常绿灌木；叶革质或近革质，稀厚纸质，线状披针形或披针形，边缘具稀疏腺状锯齿，侧脉6~8对；托叶纤细，线状分裂，边缘具细齿；花3~5基数；花萼小；花瓣卵形；花梗极短。

物候期： 花期4~5月，果期8~10月。

生境： 常生于林下。

分布： 分布于保护区海拔1000~2000 m。

青荚叶科 (Helwingiaceae)　　　　　　　　青荚叶属 (*Helwingia*)

青荚叶　*Helwingia japonica*

形态特征: 落叶灌木；幼枝绿色，无毛，叶痕显著。叶纸质，卵形、卵圆形，稀椭圆形，边缘具刺状细锯齿；叶上面亮绿色，下面淡绿色；花淡绿色，花萼小，花瓣镊合状排列；浆果幼时绿色，成熟后黑色。

物候期: 花期4~5月，果期8~9月。

生境: 常生于林中，喜阴湿及肥沃的土壤。

分布: 分布于保护区海拔240~3005m。

青荚叶科 (Helwingiaceae) 青荚叶属 *(Helwingia)*

峨眉青荚叶 *Helwingia omeiensis*

形态特征：常绿小乔木或灌木；叶革质，倒卵状长圆形，稀倒披针形，边缘1/3以上具腺状锯齿，下面干后具黄褐色斑纹，叶脉仅在下面微显；托叶2枚，线状披针形或钻形；雄花为密伞花序或伞形花序，花紫白色；雌花单生或为伞形花序，花绿色；浆果长椭圆形，成熟时黑色。

物候期：花期3~4月，果期7~8月。

生境：生于山谷、田边或草地。

分布：分布于保护区海拔540~2300m。

卫矛科 (Celastraceae)　　　　　　　　　　南蛇藤属 (*Celastrus*)

苦皮藤　*Celastrus angulatus*

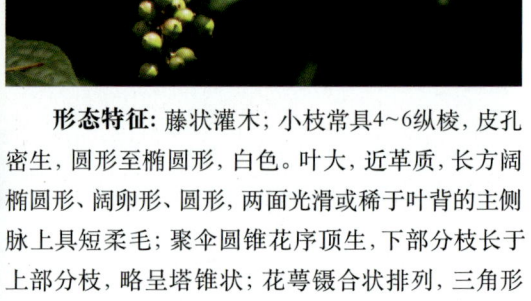

形态特征： 藤状灌木；小枝常具4~6纵棱，皮孔密生，圆形至椭圆形，白色。叶大，近革质，长方阔椭圆形、阔卵形、圆形，两面光滑或稀于叶背的主侧脉上具短柔毛；聚伞圆锥花序顶生，下部分枝长于上部分枝，略呈塔锥状；花萼镊合状排列，三角形至卵形，近全缘；花瓣长方形，边缘不整齐；蒴果近球状；种子椭圆状。

物候期： 花期5~6月。

生境： 生于山地丛林及山坡灌丛中。

分布： 分布于保护区海拔1000~2500m。

卫矛科（Celastraceae）　　　　　　　　　　　　南蛇藤属（*Celastrus*）

南蛇藤　*Celastrus orbiculatus*

形态特征： 藤状灌木；小枝无毛；叶宽倒卵形、近圆形或椭圆形，具锯齿，两面无毛或下面沿脉疏被柔毛，侧脉3～5对；聚伞花序腋生；小花梗关节在中部以下或近基部；雄花萼片钝三角形；花瓣倒卵状椭圆形或长圆形；花盘浅杯状，裂片浅；蒴果近球形；种子椭圆形，赤褐色。

物候期： 花期5～6月，果期7～10月。

生境： 生于山坡灌丛中。

分布： 分布于保护区海拔450～2200 m。

卫矛科（Celastraceae）　　　　　　　　　卫矛属（*Euonymus*）

角翅卫矛 *Euonymus cornutus*

形态特征：常绿灌木；老枝紫红色；叶对生，厚纸质或薄革质，披针形或窄披针形，稀近线形，边缘有细密浅锯齿；聚伞花序常仅1次分枝，具3花，稀2次分枝，具5～7花；花4数及5数并存，紫红色或暗紫色带绿色；萼片肾圆形；花瓣倒卵形或近圆形；花盘近圆形；蒴果近球形，成熟时紫红色或带灰色；种子宽椭圆形。

生境：生于山地灌丛中。

分布：分布于保护区海拔800～2500 m。

卫矛科（Celastraceae）　　　　　　　　　　　　　卫矛属（*Euonymus*）

西南卫矛　*Euonymus hamiltonianus*

形态特征: 落叶小乔木；小枝具4棱；叶对生，卵状椭圆形、长圆状椭圆形或椭圆状披针形，边缘具浅波状钝圆锯齿，侧脉7~9对；聚伞花序具5至多花；花白绿色；花萼裂片半圆形；花瓣长圆形或倒卵状长圆形；蒴果倒三角形或倒卵圆形，熟时粉红色带黄色，外被橙红色假种皮。

物候期: 花期5~6月，果期9~10月。

生境: 生于山地林中。

分布: 分布于保护区海拔240~2000m。

卫矛科 (Celastraceae)　　　　　　　　　　卫矛属 (*Euonymus*)

大果卫矛 *Euonymus myrianthus*

形态特征: 常绿灌木; 幼枝微具4棱; 叶对生, 革质, 倒卵形、窄倒卵形或窄椭圆形, 有时窄披针形, 边缘常波状或具明显钝锯齿, 侧脉5~7对; 聚伞花序多聚生于小枝上部; 总花梗具4棱; 花黄色; 花萼裂片近圆形; 花瓣近倒卵形; 花盘四角有圆形裂片; 蒴果多倒卵圆形, 熟时黄色; 种子近圆形。

生境: 生于山坡、溪边、沟谷较湿润处。

分布: 分布于保护区海拔800~1200m。

卫矛科（Celastraceae） 　　　　　　　　　　　卫矛属（*Euonymus*）

栓翅卫矛 *Euonymus phellomanus*

形态特征：灌木；枝条硬直，常具4纵列木栓厚翅，在老枝上宽可达5~6mm。叶长椭圆形或略呈椭圆倒披针形，先端窄长渐尖，边缘具细密锯齿；聚伞花序2~3次分枝，有花7~15朵；花白绿色，4数；蒴果4棱，倒圆心状，粉红色；种子椭圆状，种脐、种皮棕色，假种皮橘红色。

物候期：花期7月，果期9~10月。

生境：生于山谷林中。

分布：分布于保护区海拔1800~2200m。

卫矛科 (Celastraceae)　　　　　　　　　　　卫矛属 (*Euonymus*)

石枣子　*Euonymus sanguineus*

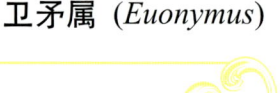

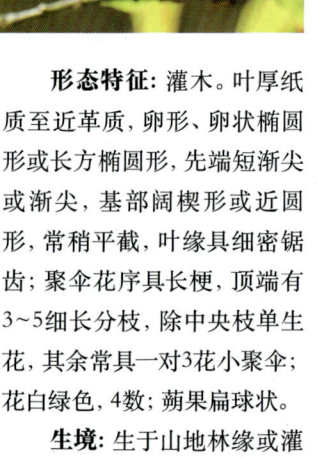

形态特征: 灌木。叶厚纸质至近革质,卵形、卵状椭圆形或长方椭圆形,先端短渐尖或渐尖,基部阔楔形或近圆形,常稍平截,叶缘具细密锯齿;聚伞花序具长梗,顶端有3~5细长分枝,除中央枝单生花,其余常具一对3花小聚伞;花白绿色,4数;蒴果扁球状。

生境: 生于山地林缘或灌丛中。

分布: 分布于保护区海拔360~2000 m。

省沽油科 (Staphyleaceae)　　　　　　　　　　　　**省沽油属** (*Staphylea*)

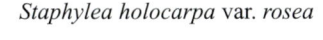

玫红省沽油　*Staphylea holocarpa* var. *rosea*

　　形态特征: 落叶灌木或小乔木; 幼枝平滑, 三小叶, 小叶近革质, 无毛, 长圆状披针形至狭卵形, 上面淡白色, 边缘有硬细锯齿, 有网脉; 侧生小叶近无柄, 顶生小叶具长柄。广展的伞房花序, 花玫瑰粉红色, 在叶后开放。种子近椭圆形, 灰色, 有光泽。

　　物候期: 花期5~6月, 果期7~8月。

　　生境: 生于水旁湿地或石上。

　　分布: 分布于保护区海拔240~1800 m。

无患子科 (Sapindaceae)　　　　　　　　　　　　　　　　槭属 (*Acer*)

血皮槭　*Acer griseum*

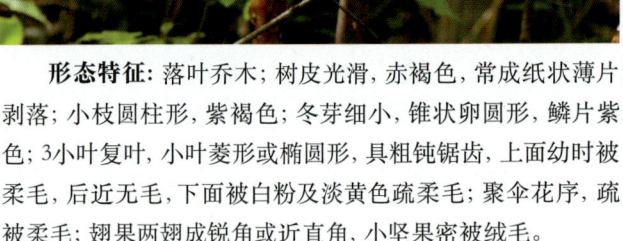

形态特征: 落叶乔木;树皮光滑,赤褐色,常成纸状薄片剥落;小枝圆柱形,紫褐色;冬芽细小,锥状卵圆形,鳞片紫色;3小叶复叶,小叶菱形或椭圆形,具粗钝锯齿,上面幼时被柔毛,后近无毛,下面被白粉及淡黄色疏柔毛;聚伞花序,疏被柔毛;翅果两翅成锐角或近直角,小坚果密被绒毛。

物候期: 花期4月,果期9月。

生境: 生于疏林中。

分布: 分布于保护区海拔1500~2000m。

无患子科 (Sapindaceae) 槭属 (*Acer*)

五裂槭 *Acer oliverianum*

形态特征：落叶小乔木；树皮平滑，淡绿至灰褐色，常被蜡粉；小枝细，无毛或微被柔毛；叶纸质，近圆形，5深裂，裂片三角状卵形，锯齿细密，下面淡绿色，叶脉两面显著；伞房花序，杂性花，雄花与两性花同株；萼片卵形，紫绿色；花瓣卵形，白色。

物候期：花期5月，果期9月。

生境：生于林边或疏林中。

分布：分布于保护区海拔1500~2000m。

无患子科 (Sapindaceae)　　　　　　　　　　　　　　　　槭属 (*Acer*)

中华槭　*Acer sinense*

形态特征： 乔木；树皮平滑，淡黄褐色或深黄褐色。小枝细，无毛，叶近革质，近圆形，常5深裂，裂片长圆卵形，下面淡绿色，稍被白粉；叶柄粗，无毛；圆锥花序顶生，下垂；花杂性，萼片淡绿色，卵状长圆形，边缘具纤毛；花瓣长圆形，白色；翅果淡黄色，两翅近水平或近钝角。

物候期： 花期5月，果期9月。

生境： 生于混交林中。

分布： 分布于保护区海拔1200~2000 m。

无患子科（Sapindaceae） 槭属（*Acer*）

茶条槭 *Acer tataricum* subsp. *ginnala*

形态特征： 落叶灌木或小乔木；叶柄细瘦，绿色或紫绿色，无毛。伞房花序，无毛；花杂性，雄花与两性花同株；萼片卵形，黄绿色；花瓣长圆卵形，白色；果实黄绿色或黄褐色；小坚果嫩时被长柔毛，脉纹显著；翅连同小坚果，中段较宽或两侧近平行，张开近直立或成锐角。

物候期： 花期5月，果期10月。

生境： 生于丛林中。

分布： 分布于保护区海拔240~800m。

无患子科 (Sapindaceae)　　　　　　　　　　　　　七叶树属 (*Aesculus*)

天师栗　*Aesculus chinensis* var. *wilsonii*

形态特征：嫩枝密被长柔毛；冬芽有树脂；复叶嫩时微被柔毛；小叶倒卵形或长圆倒披针形，上面仅主脉基部微被长柔毛，下面淡绿色，有灰色毛，具骨质硬头锯齿；花序圆筒形；花浓香；花萼管状，外面微有柔毛；花瓣倒卵形，前面的 2 枚花瓣有黄色斑块；种子近球形。

物候期：花期 4~5 月，果期 9~10 月。

生境：生于阔叶林中。

分布 分布于保护区海拔 1000~1800 m。

无患子科（Sapindaceae）　　　　　　　　　金钱槭属（*Dipteronia*）

金钱槭　*Dipteronia sinensis*

形态特征：乔木；小枝纤细，圆柱形，幼嫩部分紫绿色，较老的部分褐色或暗褐色，皮孔卵形。奇数羽状复叶；小叶纸质，长卵形或长圆披针形，下面沿叶脉及脉腋被白色绒毛；圆锥花序顶生或腋生，无毛；花杂性，白色；萼片卵形或椭圆形；花瓣宽卵形；翅果，圆翅幼时红色，被长硬毛，熟后黄色，无毛。

物候期：花期4月，果期9月。

生境：生于林边或疏林中。

分布：分布于保护区海拔1000~2000m。

清风藤科 (Sabiaceae)　　　　　　　　　　　　　　　　　清风藤属 (*Sabia*)

鄂西清风藤 *Sabia campanulata* subsp. *ritchieae*

形态特征： 落叶攀援木质藤本；小枝淡绿色，有褐色斑点、斑纹及纵条纹，无毛；芽鳞卵形或阔卵形，有缘毛；叶膜质，嫩时披针形或狭卵状披针形，成长叶长圆形或长圆状卵形，叶面深绿色，有微柔毛，老叶脱落，近无毛，叶背灰绿色；叶柄被长柔毛；花深紫色。

生境： 生于山坡及湿润山谷林中。

分布： 分布于保护区海拔 500~1200m。

清风藤科（Sabiaceae） 清风藤属（*Sabia*）

四川清风藤 *Sabia schumanniana*

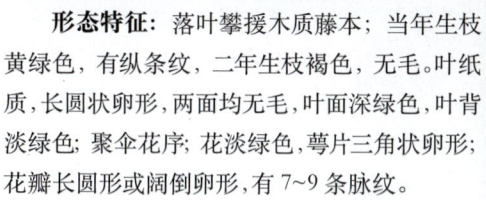

形态特征：落叶攀援木质藤本；当年生枝黄绿色，有纵条纹，二年生枝褐色，无毛。叶纸质，长圆状卵形，两面均无毛，叶面深绿色，叶背淡绿色；聚伞花序；花淡绿色，萼片三角状卵形；花瓣长圆形或阔倒卵形，有 7~9 条脉纹。

物候期：花期 3~4 月，果期 6~8 月。

生境：生于山谷、山坡、溪旁和阔叶林中。

分布：分布于保护区海拔 1200~2600 m。

凤仙花科 (Balsaminaceae) 凤仙花属 (*Impatiens*)

齿萼凤仙花 *Impatiens dicentra*

形态特征: 一年生草本。茎直立, 有分枝。叶互生, 卵形或卵状披针形, 边缘有圆锯齿。花梗较短, 腋生, 中上部有卵形苞片; 花大, 黄色; 侧生萼片宽卵状圆形, 渐尖, 边缘有粗齿; 旗瓣圆形, 背面中肋龙骨突呈喙状; 翼瓣无柄, 2裂, 裂片披针形; 唇瓣囊状, 基部延长成内弯的短距, 距2裂。蒴果条形, 先端有长喙。

物候期: 花期7~8月, 果期9月。

生境: 生于山沟溪边、林下草丛中。

分布: 分布于保护区海拔1000~2700m。

凤仙花科 (Balsaminaceae)　　　　　　　　　　　　　　凤仙花属 (*Impatiens*)

裂距凤仙花 *Impatiens fissicornis*

形态特征： 一年生草本；茎细弱，直立，上部分枝。叶互生，卵状长圆形或卵状披针形，靠基部常具少数缘毛状腺体，缘具粗圆齿，齿端有小尖。花单生于上部叶腋；花梗中上部有1片狭披针形苞片；花黄色或橙黄色；侧生萼片近卵状圆形；旗瓣近圆形，背面中肋有宽翅；翼瓣具柄，2裂；唇瓣囊状，具褐色斑纹；蒴果长椭圆形。

物候期： 花期8~9月。

生境： 生于山谷林中阴湿处。

分布： 分布于保护区海拔1200~2100m。

凤仙花科 (Balsaminaceae)　　　　　　　　　凤仙花属 (*Impatiens*)

心萼凤仙花　*Impatiens henryi*

形态特征: 一年生草本; 叶互生, 叶片膜质, 卵形或卵状长圆形, 边缘具圆齿状齿; 总花梗生于上部叶腋, 具3~5花, 花淡黄色, 侧生萼片2, 旗瓣宽心形, 中肋背面具三角形鸡冠状突起, 翼瓣2裂, 背具反折的小耳; 唇瓣檐部舟状, 基部渐狭成内弯或卷曲的细距; 蒴果线形; 种子长圆形。

物候期: 花期8月。

生境: 生于林下水沟边、山坡水沟边阴湿地草丛中。

分布: 分布于保护区海拔1000~2700 m。

凤仙花科 (Balsaminaceae)　　　　　　　　　　　　　凤仙花属 (*Impatiens*)

阔苞凤仙花　*Impatiens latebracteata*

形态特征： 一年生草本，全株无毛。茎纤细，分枝，叶互生，硬质，长圆形或卵状长圆形，边缘具圆齿状齿；叶柄下部无腺体。苞片圆形，边缘具锯齿，宿存。花黄色；侧生萼片宽卵形至圆形，膜质，钝；旗瓣圆形，具角；翼瓣无柄；唇瓣漏斗状，口部近平，全部内弯。蒴果狭椭圆形。种子长圆形或倒卵形，近平滑，栗褐色。

物候期： 花期8月。

生境： 生于山坡、林缘、阴湿处。

分布： 分布于保护区海拔1400~1900m。

凤仙花科 (Balsaminaceae)　　　　　　　　凤仙花属 (*Impatiens*)

水金凤 *Impatiens noli-tangere*

形态特征： 一年生草本；茎较粗壮，肉质，直立，上部多分枝，无毛，下部节常膨大，有多数纤维状根。叶互生；叶片卵形或卵状椭圆形，两面无毛，上面深绿色，下面灰绿色；叶柄纤细；苞片草质，披针形，宿存；花黄色；侧生 2 萼片卵形或宽卵形，先端急尖；蒴果线状圆柱形；种子多数，长圆球形，褐色，光滑。

物候期： 花期 7~9 月。

生境： 生于山坡林下、林缘草地或沟边。

分布： 分布于保护区海拔 900~2400m。

凤仙花科 (Balsaminaceae)　　　　凤仙花属 (*Impatiens*)

黄金凤　*Impatiens siculifer*

形态特征： 一年生草本。茎细弱，不分枝或有少数分枝。叶互生，卵状披针形或椭圆状披针形，边缘有粗圆齿，齿间有小刚毛。总花梗生于上部叶腋，花5~8朵排成总状花序；花梗纤细，基部有1披针形苞片宿存；花黄色；旗瓣近圆形；翼瓣无柄，2裂；唇瓣狭漏斗状。蒴果棒状。

物候期： 花期7~9月，果期10~11月。

生境： 生于林边或疏林中。

分布： 分布于保护区海拔800~2500 m。

鼠李科 (Rhamnaceae)   勾儿茶属(*Berchemia*)

牯岭勾儿茶 *Berchemia kulingensis*

形态特征: 藤状或攀援灌木;小枝平展,变黄色,无毛,后变淡褐色;叶纸质,卵状椭圆形或卵状矩圆形,具小尖头,两面无毛,上面绿色,下面干时常灰绿色,侧脉每边7~9(10)条,叶脉在两面稍凸起;叶柄无毛;托叶披针形,基部合生;核果长圆柱形,红色,成熟时黑紫色。

物候期: 花期6~7月,果期翌年4~6月。

生境: 生于山谷灌丛、林缘或林中。

分布: 分布于保护区海拔1200~3000m。

鼠李科 (Rhamnaceae)　　　　　　　　　　　　马甲子属 (*Paliurus*)

铜钱树　*Paliurus hemsleyanus*

形态特征: 乔木, 稀灌木; 小枝黑褐色或紫褐色, 无毛。叶互生, 纸质或厚纸质, 宽椭圆形、卵状椭圆形或近圆形, 边缘具圆锯齿或钝细锯齿, 两面无毛, 基生三出脉; 聚伞花序或聚伞圆锥花序, 顶生或兼有腋生, 无毛; 萼片三角形或宽卵形; 花瓣匙形; 核果草帽状, 周围具革质宽翅, 红褐色或紫红色, 无毛。

物候期: 花期4~6月, 果期7~9月。

生境: 生于山地林中。

分布: 分布于保护区海拔240~1600m。

鼠李科（Rhamnaceae）   猫乳属（*Rhamnella*）

猫乳 *Rhamnella franguloides*

形态特征：落叶灌木或小乔木；幼枝绿色，被短柔毛或密柔毛。叶倒卵状矩圆形、倒卵状椭圆形、矩圆形，边缘具细锯齿，上面绿色，无毛，下面黄绿色，被柔毛或仅沿脉被柔毛；叶柄被密柔毛；托叶披针形，基部与茎离生，宿存。花黄绿色，两性；萼片三角状卵形，边缘被疏短毛；核果圆柱形，成熟时红色或橘红色，干后变黑色或紫黑色。

物候期：花期 5~7 月，果期 7~10 月。

生境：生于山坡、路旁或林中。

分布：分布于保护区海拔 240~1100 m。

葡萄科（Vitaceae）

蛇葡萄属（*Ampelopsis*）

异叶蛇葡萄 *Ampelopsis glandulosa* var. *heterophylla*

形态特征： 木质藤本；小枝圆柱形，有纵棱纹，被疏柔毛；单叶心形或卵形，3~5中裂和兼有不裂，有急尖锯齿，脉上有疏柔毛，基出脉5，侧脉4~5对；总花梗被疏柔毛；花梗疏生短柔毛；花萼碟形，边缘波状浅齿；花瓣卵状椭圆形；花盘明显，边缘浅裂；果近球形，有种子2~4颗，种子腹面两侧洼穴从基部向上斜展达种子顶端。

物候期： 花期4~6月，果期7~10月。

生境： 生于山谷林中或山坡灌丛阴处。

分布： 分布于保护区海拔280~1800m。

葡萄科 (Vitaceae)　　　　　　　　　　　牛果藤属 (*Nekemias*)

羽叶牛果藤 *Nekemias chaffanjonii*

形态特征： 木质藤本；卷须 2 叉分枝；一回羽状复叶，通常有小叶 2~3 对；小叶长椭圆或卵椭圆形，边缘有尖锐细锯齿，两面无毛，干时上面色深，下面色浅；花萼碟形，萼片宽三角形；花瓣卵状椭圆形；花盘发达，波状浅裂；果近球形，有种子 2~3 颗；种子腹部两侧洼穴呈沟状向上微扩大达种子上部，周围有钝肋纹突出。

物候期： 花期 5~7 月，果期 7~9 月。

生境： 生于山谷、山谷边湿地、山坡林或山坡灌丛中。

分布： 分布于保护区海拔 600~1500 m。

葡萄科（Vitaceae）

崖爬藤属（*Tetrastigma*）

崖爬藤　*Tetrastigma obtectum*

形态特征： 草质藤本；枝卷须4~7集生，呈伞状；掌状5小叶复叶，小叶菱状椭圆或椭圆状披针形，两面无毛；小叶柄极短或几无柄；托叶褐色，常宿存；花序顶生或假顶生于具有1~2叶的短枝上，多数花集生，呈单伞形；萼浅碟形，边缘呈波状浅裂；花瓣长椭圆形，先端有短角；果球形；种子椭圆形。

物候期： 花期4~6月，果期8~11月。

生境： 生于山坡岩石或林下石壁上。

分布： 分布于保护区海拔250~2400 m。

葡萄科（Vitaceae）   崖爬藤属（*Tetrastigma*）

无毛崖爬藤 *Tetrastigma obtectum* var. *glabrum*

形态特征：草质藤本；枝卷须4~7集生，呈伞状；掌状5小叶复叶，小叶菱状椭圆或椭圆状披针形，无毛；小叶柄极短或几无柄；托叶褐色，常宿存；花序顶生或假顶生于具有1~2叶的短枝上，多数花集生，呈单伞形；萼浅碟形，边缘呈波状浅裂；花瓣长椭圆形，先端有短角；果球形；种子椭圆形。

物候期：花期3~5月，果期7~11月。

生境：生于山坡或沟谷林下或崖石上。

分布：分布于保护区海拔250~2400 m。

葡萄科（Vitaceae） 　　　　　　　　　　　　　　　　　葡萄属（*Vitis*）

刺葡萄　*Vitis davidii*

形态特征：木质藤本；小枝被皮刺，无毛；叶卷须2叉分枝；叶卵圆形或卵状椭圆形，基缺凹成钝角，每边有12~33锐齿，不分裂或微3浅裂，两面无毛，基出脉5，网脉明显，下面比上面突出，无毛，常疏生小皮刺；花萼碟形，不明显5浅裂；花瓣呈帽状粘合脱落；浆果球形，成熟时紫红色；种子倒卵状椭圆形。

物候期：花期4~6月，果期7~10月。

生境：生于山坡、沟谷林中或灌丛。

分布：分布于保护区海拔600~1800 m。

锦葵科 (Malvaceae)　　　　　　　　　　　　　　扁担杆属 (*Grewia*)

扁担杆　*Grewia biloba*

形态特征: 灌木或小乔木, 多分枝; 嫩枝被粗毛。叶薄革质, 椭圆形或倒卵状椭圆形, 两面有稀疏星状粗毛, 基出脉3条, 两侧脉上行过半, 中脉有侧脉3~5对, 边缘有细锯齿; 叶柄被粗毛; 托叶钻形。聚伞花序腋生, 多花; 苞片钻形; 核果红色。

物候期: 花期5~7月。

生境: 生于丘陵或低山路边草地、灌丛或疏林中。

分布: 分布于保护区海拔1000~1200m。

猕猴桃科（Actinidiaceae）　　　　　　　　　　　猕猴桃属（*Actinidia*）

京梨猕猴桃 *Actinidia callosa* var. *henryi*

形态特征： 小枝较坚硬，干后土黄色，洁净无毛；叶卵形至倒卵形，边缘锯齿细小，背面脉腋上有髯毛；果乳头状至矩圆圆柱状；叶纸质，卵形，边缘有凸出的瘤足状重锯齿，齿端尖锐，背面脉腋无髯毛；花序无毛；萼片内面和外面靠边部分薄被短绒毛；果小，褐绿色，球状卵珠形。

生境： 喜生于山谷溪涧边或其他湿润处。

分布： 分布于保护区海拔600~1100 m。

猕猴桃科（Actinidiaceae）　　　　　　　　　　　　　猕猴桃属（*Actinidia*）

中华猕猴桃　*Actinidia chinensis*

形态特征：大型落叶藤本幼枝被灰白色绒毛、褐色长硬毛或锈色硬刺毛，后脱落无毛。营养枝的叶宽卵圆形或椭圆形，花枝的叶近圆形。聚伞花序1~3花，被灰白或黄褐色绒毛；花初白色，后橙黄，果黄褐色，近球形，被灰白色绒毛，易脱落，具淡褐色斑点，宿萼反折。

　　物候期：花期4~5月，果期8~10月。

　　生境：生于高草灌丛、灌木林或次生疏林中。

　　分布：分布于保护区海拔400~1500m。

猕猴桃科（Actinidiaceae）　　　　　　　　　　　猕猴桃属（*Actinidia*）

美味猕猴桃　*Actinidia chinensis* var. *deliciosa*

形态特征: 落叶藤本；小枝紫褐色，短花枝基本无毛，隔年枝褐色，有光泽。花枝多数较长，被黄褐色长硬毛；叶倒阔卵形至倒卵形，叶柄被黄褐色长硬毛；聚伞花序，苞片钻形，花白色或粉红色，芳香，萼片长方卵形，两面被短绒毛；花瓣长方卵形，无毛，无斑点；果近球形、圆柱形或倒卵形。

生境: 生于山林地带。

分布: 分布于保护区海拔800~1400 m。

猕猴桃科（Actinidiaceae）　　　　　　　　　　猕猴桃属（*Actinidia*）

狗枣猕猴桃　*Actinidia kolomikta*

形态特征: 大型落叶藤本; 小枝紫褐色, 皮孔较显著; 小枝髓心褐色, 片层状; 叶薄纸质, 阔卵形至长方倒卵形, 两侧不对称, 边缘具锯齿; 聚伞花序, 雄花序花3朵, 雌花常单生; 花白色或粉红色, 芳香; 花瓣长方倒卵形; 果多长圆状卵形, 无毛, 无斑点, 成熟时淡橘黄色, 具深色纵纹, 无宿萼。

　　物候期: 花期5月下旬至7月初, 果熟期9~10月。

　　生境: 生于开旷地。

　　分布: 分布于保护区海拔800~2900m。

狝猴桃科 （Actinidiaceae）　　　　　　　　　　狝猴桃属 (*Actinidia*)

葛枣狝猴桃　*Actinidia polygama*

形态特征： 落叶藤本；小枝近无毛，髓实心，白色；叶膜质至薄纸质，卵形或卵状椭圆形，先端渐尖，具细锯齿，叶脉较显著；雄花聚伞花序，总花梗密被褐色绢毛，花梗微被柔毛；雌花单生；花白色；萼片卵形或椭圆形；花瓣倒卵形或长圆状卵圆形；果卵球形或柱状卵球形，无毛，无斑点，成熟时淡橘红色，具宿萼。

物候期： 花期6月中旬至7月上旬，果熟期9~10月。

生境： 生于山林中。

分布： 分布于保护区海拔500~1900m。

狝猴桃科（Actinidiaceae）　　　　　　　　　狝猴桃属（*Actinidia*）

红茎狝猴桃　*Actinidia rubricaulis*

形态特征: 半常绿藤本; 除子房外, 余无毛; 髓实心, 灰白色; 叶纸质或坚纸质, 椭圆状披针形, 稀长圆状卵形, 具细齿, 上面叶脉稍凹下或平; 花单生, 白色; 萼片卵圆形或长圆状卵形; 花瓣瓢状倒卵形; 花丝粗短; 果暗绿色, 卵圆形或柱状卵圆形, 幼时被绒毛, 后无毛, 无喙, 具斑点, 具宿萼。

物候期: 花期4月中旬至5月下旬。

生境: 生于山地阔叶林中。

分布: 分布于保护区海拔300~1800m。

山茶科（Theaceae）   山茶属（*Camellia*）

油茶 *Camellia oleifera*

形态特征： 灌木或中乔木。嫩叶革质，椭圆形，长圆形或倒卵形，上面深绿色，发亮，中脉有粗毛或柔毛，下面浅绿色，无毛或中脉有长毛，叶柄有粗毛。花顶生，近于无柄，花瓣白色，倒卵形，先端凹入或2裂，背面有丝毛；蒴果球形或卵圆形。

物候期： 花期10月至翌年2月，果期翌年9~10月。

生境： 生于森林、灌丛中。

分布： 分布于保护区海拔500~1800m。

山茶科（Theaceae）   山茶属（*Camellia*）

川鄂连蕊茶 *Camellia rosthorniana*

形态特征： 灌木，嫩枝纤细，密生短柔毛。叶薄革质，椭圆形或卵状长圆形，上面干后暗绿色，无光泽，下面通常无毛。花腋生及顶生，白色；苞片卵形或圆形，无毛，先端有睫毛；花萼杯状，萼片卵形至圆形；花冠白色，花瓣最外侧2~3片倒卵形或圆形，有睫毛，内侧3~4片倒卵形，先端圆或凹入；蒴果近球形。

物候期： 花期2~4月。

生境： 生于山谷灌丛中。

分布： 分布于保护区海拔420~1200 m。

山茶科 (Theaceae)　　　　　　　　　　　紫茎属 (*Stewartia*)

紫茎　*Stewartia sinensis*

形态特征： 小乔木，树皮灰黄色，嫩枝无毛或有疏毛。叶纸质，椭圆形或卵状椭圆形，边缘有粗齿，侧脉7~10对，下面叶腋常有簇生毛丛。花单生；苞片长卵形；萼片5，基部连生，长卵形，基部有毛；花瓣阔卵形，基部连生，外面有绢毛；蒴果卵圆形；种子有窄翅。

物候期： 花期6月。

生境： 生于林中。

分布： 分布于保护区海拔240~1500 m。

金丝桃科（Hypericaceae）　　　　　　　　　　　金丝桃属（*Hypericum*）

黄海棠　*Hypericum ascyron*

形态特征：多年生草本；叶披针形、长圆状披针形、长圆状卵形或椭圆形，抱茎，无柄，下面疏被淡色腺点；花瓣金黄色，倒披针形，具腺斑或无腺斑，宿存。花序近伞房状或窄圆锥状，顶生；蒴果卵球形或卵球状三角形，深褐色。种子棕色或黄褐色，圆柱形。

　　生境：花期7~8月，果期8~9月。

　　分布：分布于保护区海拔250~2800 m。

金丝桃科（Hypericaceae）　　　　　　　　　　　金丝桃属（*Hypericum*）

元宝草 *Hypericum sampsonii*

形态特征： 多年生草本；叶披针形、长圆形或倒披针形，边缘密生黑色腺点，侧脉4对；伞房状花序顶生，多花组成圆柱状圆锥花序；蒴果宽卵球形或卵球状圆锥形，被黄褐色囊状腺体；花瓣淡黄色，椭圆状长圆形，宿存，边缘具黑腺体。

物候期： 花期5~6月，果期7~8月。

生境： 生于路旁、山坡、草地、灌丛、田边、沟边等处。

分布： 分布于保护区海拔240~1200m。

董菜科 (Violaceae) 　　　　　　　　　　　　董菜属 (*Viola*)

七星莲　*Viola diffusa*

形态特征: 一年生草本; 根状茎短; 匍匐枝先端具莲座状叶丛; 叶卵形或卵状长圆形, 边缘具钝齿及缘毛, 叶柄具翅。花较小, 淡紫或浅黄色; 萼片披针形; 侧瓣倒卵形或长圆状倒卵形, 内面无须毛。蒴果长圆形, 无毛。

物候期: 花期3~5月, 果期5~8月。

生境: 生于山地林下、林缘、草坡、溪谷旁、岩石缝隙中。

分布: 分布于保护区海拔240~2000m。

董菜科（Violaceae）   董菜属（*Viola*）

紫花堇菜   *Viola grypoceras*

形态特征： 多年生草本；根状茎短粗，褐色基生叶心形或宽心形，先端钝或微尖，基部弯缺窄，具钝锯齿；茎生叶三角状心形或卵状心形；花淡紫色，萼片披针形，花瓣倒卵状长圆形，先端圆，有褐色腺点，下瓣距下弯，蒴果椭圆形，密生褐色腺点。

物候期： 花期4～5月，果期6～8月。

生境： 生于草坡及灌丛中。

分布： 分布于保护区海拔240～2400 m。

董菜科 (Violaceae)   董菜属 (*Viola*)

巫山董菜　*Viola henryi*

形态特征: 多年生草本; 花淡紫董色, 生于顶部叶的叶腋; 花梗细弱, 远较叶为短, 上部具2枚近对生的钻状小苞片; 萼片狭条形, 先端稍尖, 边缘狭膜质, 基部附属物极短, 末端截形; 花瓣长圆状倒卵形, 里面基部无须毛; 距浅囊状。

物候期: 花期3~5月。

生境: 生于山谷密林下阴湿处。

分布: 分布于保护区海拔400~600m。

叶下珠科 (Phyllanthaceae)　　　　　　　　　　　　算盘子属 (*Glochidion*)

算盘子　*Glochidion puberum*

形态特征: 灌木; 叶长圆形、长卵形或倒卵状长圆形, 基部楔形, 上面灰绿色, 中脉被疏柔毛, 下面粉绿色, 网脉明显; 叶柄托叶三角形; 花雌雄同株或异株, 2~5朵簇生于叶腋内; 蒴果扁球状, 成熟时带红色, 花柱宿存。

物候期: 花期4~8月, 果期7~11月。

生境: 生于山坡、溪旁灌木丛中或林缘。

分布: 分布于保护区海拔300~2200m。

叶下珠科 (Phyllanthaceae)　　　　　　　　雀舌木属 (*Leptopus*)

雀儿舌头　*Leptopus chinensis*

形态特征：直立灌木；茎上部和小枝条具棱；叶片膜质至薄纸质，卵形、近圆形、椭圆形或披针形，叶面深绿色，叶背浅绿色；花小，雌雄同株；萼片、花瓣和雄蕊均为5；雄花花瓣白色，匙形，膜质；雌花花瓣倒卵形；蒴果圆球形或扁球形，基部有宿存的萼片。

物候期：花期2~8月，果期6~10月。

生境：生于山地灌丛、林缘、路旁、岩崖或石缝中。

分布：分布于保护区海拔500~1000m。

旌节花科 (Stachyuraceae)　　　　　　　　　旌节花属 (*Stachyurus*)

中国旌节花　*Stachyurus chinensis*

形态特征：落叶灌木；树皮光滑，紫褐色或深褐色；小枝粗壮，圆柱形，具淡色椭圆形皮孔。叶互生，纸质至膜质，卵形、长圆状卵形至长圆状椭圆形，边缘为圆齿状锯齿，上面亮绿色，无毛，下面灰绿色；叶柄通常暗紫色。穗状花序腋生；花黄色；苞片三角状卵形；萼片黄绿色，卵形，顶端钝；花瓣卵形；果实圆球形，无毛。

物候期：花期3~4月，果期5~7月。

生境：生于山坡谷地林中或林缘。

分布：分布于保护区海拔400~3000 m。

秋海棠科 (Begoniaceae)　　　　　　　　　　秋海棠属 (*Begonia*)

中华秋海棠　*Begonia grandis* subsp. *sinensis*

形态特征: 中型草本。茎几无分枝,外形似金字塔。叶较小,椭圆状卵形至三角状卵形,下面色淡,偶带红色。花序较短,呈伞房状至圆锥状二歧聚伞花序;花小,整体呈球状;蒴果具3不等大之翅。

　　生境: 生于山谷阴湿岩石上、滴水的石灰岩边、疏林阴处、荒坡阴湿处及山坡林下。

　　分布: 分布于保护区海拔300~2900m。

秋海棠科 (Begoniaceae)　　　　　　　　　　　　　　　秋海棠属 (*Begonia*)

掌裂叶秋海棠　*Begonia pedatifida*

形态特征： 草本；叶自根状茎抽出，叶扁圆形或宽卵形，中间3裂片再中裂，稀深裂，小裂片披针形，稀三角状披针形，两侧裂片再浅裂，披针形或三角形，疏生三角形浅齿；叶柄被褐色卷曲长毛；花葶被长毛，偶在中部有1小叶，花白色或带粉红色，呈二歧聚伞状。

物候期： 花期6～7月，果期10月开始。

生境： 生于林下潮湿处、常绿林山坡沟谷、阴湿林下石壁上或林缘等地。

分布： 分布于保护区海拔1200～1500m。

蓝果树科 (Nyssaceae)

珙桐属 (*Davidia*)

珙桐 *Davidia involucrata*

形态特征: 落叶乔木; 树皮灰褐色至深褐色, 呈不规则薄片剥落; 叶互生, 集生幼枝顶部, 宽卵形或圆形, 具三角状粗齿, 齿端锐尖, 幼叶上面疏被长柔毛, 下面密被淡黄色或白色丝状粗毛; 杂性同株; 苞片长圆形或倒卵状长圆形; 核果单生, 长圆形, 紫绿色, 具黄色斑点及纵沟纹。

物候期: 花期4月, 果期10月。

生境: 生于润湿的常绿阔叶与落叶阔叶混交林中。

分布: 分布于保护区海拔1500~2200m。

蓝果树科 (Nyssaceae)  珙桐属 (*Davidia*)

光叶珙桐 *Davidia involucrata* var. *vilmoriniana*

形态特征: 落叶乔木；树皮灰褐色至深褐色，呈不规则薄片剥落；叶互生，集生幼枝顶部，宽卵形或圆形，叶下面常无毛或幼时叶脉上被很稀疏的短柔毛及粗毛，有时下面被白霜；杂性同株；雄花无花萼，无花瓣，花药紫色；雌花及两性花子房下位；核果单生，长圆形，紫绿色，具黄色斑点及纵沟纹；果柄圆柱状。

物候期: 花期4月，果期10月。

生境: 生于湿润的常绿阔叶与落叶阔叶混交林中。

分布: 分布于保护区海拔1500~2200 m。

绣球花科 (Hydrangeaceae)　　　　　　　　　　　　绣球属 (*Hydrangea*)

马桑绣球　*Hydrangea aspera*

形态特征： 灌木或小乔木；纸质，卵状披针形、长卵形或椭圆形，具不规则细齿，上面被糙伏毛，下面密被灰白色绒毛状柔毛，中脉毛较粗长，侧脉6~10对；伞房状聚伞花序；蒴果坛状，不连花柱，顶端平截状；种子褐色，椭圆形或近圆形，两端具短翅。

物候期： 花期8~9月，果期10~11月。

生境： 生于山谷密林或山坡灌丛中。

分布： 分布于保护区海拔1400~2800 m。

柳叶菜科 (Onagraceae)  **露珠草属 (*Circaea*)**

高山露珠草 *Circaea alpina*

形态特征： 茎多少肉质，无毛；根状茎顶端具块茎；叶半透明，卵形或宽卵形，稀圆形，基部心形或近心形，边缘具锯齿；顶生总状花序，无毛或密被短腺毛；花梗无毛，呈上升状或直立状；花瓣白色，倒三角形或倒卵形，裂片圆形；果棒状。

物候期： 花期6~8(9)月，果期7~9月。

生境： 生于潮湿处和苔藓覆盖的岩石及木头上。

分布： 分布于保护区海拔240~2500 m。

柳叶菜科 (Onagraceae)   柳叶菜属 (*Epilobium*)

中华柳叶菜 *Epilobium sinense*

形态特征：多年生草本，常丛生，自茎基部生出多叶的根出条；茎圆柱状，密生叶，叶近基部对生，其余螺旋状互生，窄匙形、长圆状披针形或线形，疏生不明显齿凸，中脉明显，淡白色；花序直立；蒴果褐色，疏被曲柔毛或无毛；种子长圆状倒卵圆形。

物候期：花期6~8(~9)月，果期8~10(~12)月。

生境：沿河谷、溪沟及塘边湿地。

分布：分布于保护区海拔550~2500 m。

五加科 (Araliaceae)　　　　　　　　　　　　　　　　　　　　　楤木属 (*Aralia*)

楤木　*Aralia elata*

形态特征: 灌木或小乔木; 树皮灰色; 小枝灰棕色, 疏生多数细刺; 二至三回羽状复叶, 叶轴及羽片基部被短刺; 羽片具7~11小叶, 宽卵形或椭圆状卵形, 具细齿或疏生锯齿, 两面无毛或沿脉疏被柔毛, 下面灰绿色; 叶柄无毛; 伞房状圆锥花序, 序轴密被灰色柔毛; 苞片及小苞片披针形; 果球形, 黑色, 具5棱。

物候期: 花期7~9月, 果期9~12月。

生境: 生于森林中。

分布: 分布于保护区海拔900~1000m。

五加科（Araliaceae）

五加属（*Eleutherococcus*）

糙叶藤五加　*Eleutherococcus leucorrhizus* var. *fulvescens*

形态特征： 灌木或蔓生状；小枝无毛，节具向下锥形刺；小叶片边缘有锐利锯齿，稀重锯齿状，上面有糙毛，下面脉上有黄色短柔毛，小叶柄密生黄色短柔毛；伞形花序单生枝顶，或数个簇生呈伞房状；花黄绿色；萼片无毛；果卵球形。

生境： 生于森林或灌木林中。

分布： 分布于保护区海拔1100~2300m。

五加科（Araliaceae）　　　　　　　　　　　五加属（*Eleutherococcus*）

白簕　*Eleutherococcus trifoliatus*

形态特征：灌木；枝软弱铺散，常依持他物上升，老枝灰白色，新枝黄棕色，疏生下向刺；刺基部扁平，先端钩曲；叶柄有刺或无刺，无毛；小叶片纸质，稀膜质，椭圆状卵形至椭圆状长圆形，稀倒卵形，两面无毛，或上面脉上疏生刚毛，边缘有细锯齿或钝齿，网脉不明显；顶生复伞形花序或圆锥花序。

物候期：花期8~11月，果期9~12月。

生境：生于林荫下或林缘湿润地。

分布：分布于保护区海拔500~1300m。

五加科（Araliaceae）　　　　　　　　　　　　常春藤属（*Hedera*）

常春藤 *Hedera nepalensis* var. *sinensis*

　　形态特征：常绿攀援灌木；茎灰棕色或黑棕色，有气生根。叶片革质，在不育枝上通常为三角状卵形，稀三角形或箭形，花枝上的叶片通常为椭圆状卵形，上面深绿色，有光泽，下面淡绿色或淡黄绿色，无毛或疏生鳞片。伞形花序，单个顶生或数个总状排列，或伞房状排列成圆锥花序，花淡黄白色或淡绿白色，芳香，花瓣5，三角状卵形；果实球形，红色或黄色。

　　物候期：花期9~11月，果期次年3~5月。

　　生境：常攀援于林缘树木、林下路旁、岩石和房屋墙壁上。

　　分布：分布于保护区海拔240~1000 m。

五加科（Araliaceae）   **梁王茶属**（*Metapanax*）

异叶梁王茶 *Metapanax davidii*

形态特征：灌木或乔木。叶为单叶，稀在同一枝上有3小叶的掌状复叶；叶片薄革质至厚革质，长圆状卵形至长圆状披针形，或三角形至卵状三角形，不分裂，掌状2~3浅裂或深裂，有主脉3条，上面深绿色，有光泽，下面淡绿色，两面均无毛，边缘疏生细锯齿，网脉不明显；圆锥花序顶生。

物候期：花期6~8月，果期9~11月。

生境：生于疏林或阳性灌木林中、林缘，路边和岩石山上也有生长。

分布：分布于保护区海拔800~1500m。

五加科 (Araliaceae)   **人参属** (*Panax*)

竹节参 *Panax japonicus*

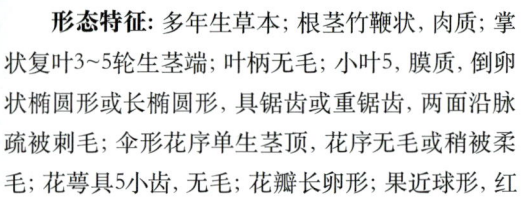

形态特征: 多年生草本; 根茎竹鞭状, 肉质; 掌状复叶3~5轮生茎端; 叶柄无毛; 小叶5, 膜质, 倒卵状椭圆形或长椭圆形, 具锯齿或重锯齿, 两面沿脉疏被刺毛; 伞形花序单生茎顶, 花序无毛或稍被柔毛; 花萼具5小齿, 无毛; 花瓣长卵形; 果近球形, 红色; 种子白色, 卵球形。

物候期: 花期5~6月, 果期7~9月。

分布: 分布于保护区海拔800~2300m。

五加科（Araliaceae） 人参属（*Panax*）

珠子参 *Panax japonicus* var. *major*

形态特征： 多年生草本；根茎竹鞭状，肉质；叶片纸质而较大，几乎全缘，叶柄极短；伞形花序单生茎顶，花序梗总花梗无毛或稍被柔毛；花萼具5小齿，无毛；花瓣5，长卵形；果近球形；种子白色，卵球形。

生境： 生于山地灌丛中。

分布： 分布于保护区海拔1200~2900 m。

五加科（Araliaceae）   通脱木属（*Tetrapanax*）

通脱木 *Tetrapanax papyrifer*

形态特征：常绿灌木或小乔木；树皮深棕色，略有皱裂；新枝淡棕色或淡黄棕色，有明显的叶痕和大型皮孔，幼时密生黄色星状厚绒毛，后毛渐脱落；托叶和叶柄基部合生，锥形，密生淡棕色或白色厚绒毛；苞片披针形，密生白色或淡棕色星状绒毛；花梗均密生白色星状绒毛；果球形，紫黑色。

物候期：花期10~12月，果期次年1~2月。

生境：生于向阳肥厚的土壤上。

分布：分布于保护区海拔300~2800m。

伞形科（Apiaceae）   柴胡属（*Bupleurum*）

空心柴胡 *Bupleurum longicaule* var. *franchetii*

形态特征： 多年生；茎通常单生，挺直，中空，嫩枝常带紫色，节间长，叶稀少；基部叶狭长圆状披针形，顶端尖，下部稍窄抱茎，无明显的柄，9~13脉，中部基生叶狭长椭圆形，13~17脉；序托叶狭卵形至卵形，基部无耳；果实有浅棕色狭翼。

物候期： 花期2~5月，果期5~8月。

生境： 生于山坡草地上，少有生林下。

分布： 分布于保护区海拔1900~2500 m。

伞形科（Apiaceae）   鸭儿芹属（*Cryptotaenia*）

鸭儿芹 *Cryptotaenia japonica*

形态特征： 植株高达1m；茎直立，有分枝，有时稍带淡紫色；基生叶或较下部的茎生叶具柄，3小叶，顶生小叶菱状倒卵形，有不规则锐齿或2~3浅裂；总苞片和小总苞片线形，早落；伞形花序有花2~4；花瓣倒卵形，顶端有内折小舌片，果线状长圆形。

物候期： 花期4~5月，果6~10月成熟。

生境： 生于水旁湿地或石上。

分布： 分布于保护区海拔1500~1800m。

山茱萸科（Cornaceae）   山茱萸属（*Cornus*）

尖叶四照花　*Cornus elliptica*

　　形态特征： 常绿乔木或灌木；幼枝纤细，被白色伏生短柔毛，老枝灰褐色，近无毛；叶薄革质或革质，椭圆形或长椭圆形，幼时上面被伏生白色短柔毛，后变无毛，下面密被伏生白色短柔毛；叶柄幼时被细毛；总苞片椭圆形或倒卵形，两面被白色伏生毛；花萼管状，两面密被毛；花瓣宽椭圆形，背面被白毛。

　　物候期： 花期6~7月，果期10~11月。

　　生境： 生于森林中。

　　分布： 分布于保护区海拔1050~2100 m。

5

被子植物双子叶植物
合瓣花类

杜鹃花科（Ericaceae） 水晶兰属（*Monotropa*）

水晶兰 *Monotropa uniflora*

形态特征： 多年生草本，腐生；茎直立，单一，全株无叶绿素，白色，肉质，干后变黑褐色。根细而分枝密，交结成鸟巢状。叶鳞片状，直立，互生，长圆形或狭长圆形或宽披针形，无毛或上部叶稍有毛，边缘近全缘。花单一，顶生，先下垂，后直立，花冠筒状钟形；花瓣5~6，离生，楔形或倒卵状长圆形；蒴果椭圆状球形，直立，向上。

物候期： 花期8~9月，果期（9~）10~11月。

生境： 生于山地林下。

分布： 分布于保护区海拔800~3005 m。

杜鹃花科（Ericaceae） 　　　　　　　　　　　　　　杜鹃花属（*Rhododendron*）

毛肋杜鹃　*Rhododendron augustinii*

形态特征: 常绿灌木，高1~2m；幼枝被鳞片，密被柔毛或长硬毛。叶椭圆形或长圆状披针形，近革质，上面常无鳞片，下面密被黄褐色鳞片；花序顶生，2~6花；花冠紫红色或丁香紫色，上方具黄绿色斑点；雄蕊10枚，不等长，约5枚伸出花冠外，花丝下部密被长柔毛；花柱细长，伸出花冠外。蒴果长圆形，基部歪斜，密被鳞片。

物候期: 花期4~5月，果期7~8月。

生境: 生于山谷、山坡、灌丛或岩石上。

分布: 分布于保护区海拔1000~2000m。

杜鹃花科（Ericaceae） 杜鹃花属（*Rhododendron*）

丁香杜鹃 *Rhododendron farrerae*

形态特征：落叶灌木；小枝初被锈色长柔毛，后无毛；叶近革质，常3叶集生枝顶，卵形，先端钝尖，基部圆形；叶柄密被锈色柔毛；花1~2朵顶生，常先花后叶；花梗被锈色柔毛；花萼不明显；花冠漏斗状，丁香紫色，有紫红色斑点；雄蕊8~10枚；花丝中下部被短腺毛；子房被红棕色长柔毛。蒴果圆柱形，密被长柔毛。

物候期：花期5~6月，果期7~8月

生境：生于山地密林中。

分布：分布于保护区海拔600~1500 m。

杜鹃花科（Ericaceae） 杜鹃花属（*Rhododendron*）

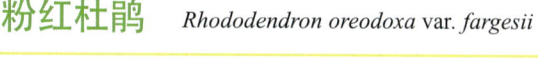 **粉红杜鹃** *Rhododendron oreodoxa* var. *fargesii*

形态特征：常绿灌木或小乔木；树皮灰黑色。叶革质，常5~6枚生于枝端，倒披针状椭圆形，先端钝或圆形，基部钝或圆形，上面深绿色，下面淡绿色至苍白色，无毛，侧脉13~15对。顶生总状伞形花序，有花6~8朵；花梗紫红色；花冠钟形，淡红色，裂片6~7；雄蕊12~14枚；子房和花柱均无毛。蒴果长圆柱形。

物候期：花期4~6月，果期8~10月。

生境：生于灌丛或森林中。

分布：分布于保护区海拔1800~2800m。

杜鹃花科（Ericaceae） 杜鹃花属（*Rhododendron*）

鄂西杜鹃 *Rhododendron praeteritum*

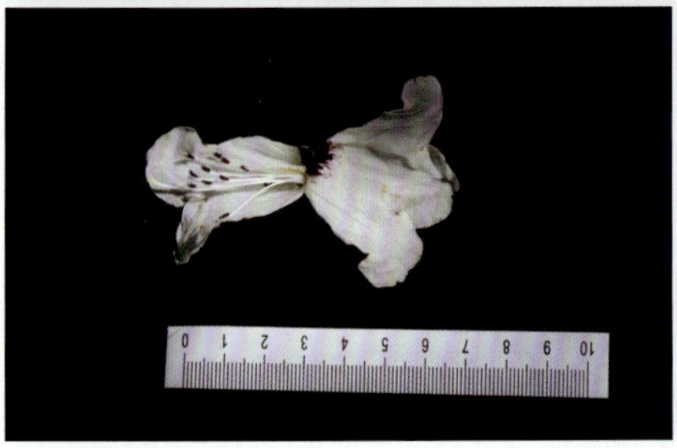

形态特征：灌木。叶革质，倒卵状长圆形，边缘反卷，中脉凹下，侧脉12~16对，叶下面苍白绿色，除中脉及其附近有散生的柔毛外，其余无毛；顶生短总状伞形花序，有花7~10朵，白色或淡红色；花冠宽钟形，内面基部有5枚深色的蜜腺囊，裂片5，宽卵形，顶端有缺刻；雄蕊10枚，不等长，花丝基部有白色微柔毛；子房长卵圆形，光滑无毛，花柱无毛。蒴果长圆状卵形，有浅肋纹。

物候期：花期5月，果期9月。

生境：生于灌丛或森林中。

分布：分布于保护区海拔1800~2200m。

杜鹃花科（Ericaceae） 杜鹃花属（*Rhododendron*）

四川杜鹃 *Rhododendron sutchuenense*

形态特征： 常绿灌木或小乔木。叶革质，倒披针状长圆形，先端钝或圆形，基部楔形，边缘反卷，上面深绿色，下面苍白色，中脉被灰白色绒毛，侧脉17～22对；顶生总状花序，有花8～10朵；花梗粗壮，被白色微柔毛；花冠漏斗状钟形，蔷薇红色，内面上方有深红色斑点，近基部有白色微柔毛及深红色大斑块，裂片5，偶尔6；雄蕊13～16枚，花丝基部具白色微柔毛。蒴果长圆状椭圆形。

物候期： 花期4～5月，果期8～10月。

生境： 生于森林中。

分布： 分布于保护区海拔1600～2500 m。

杜鹃花科（Ericaceae）   杜鹃花属（*Rhododendron*）

杜鹃 *Rhododendron simsii*

形态特征：落叶灌木；分枝多而纤细，密被亮棕褐色扁平糙伏毛。叶革质，常集生枝端，边缘微反卷，具细齿，上面深绿色，疏被糙伏毛，下面淡白色，密被褐色糙伏毛；花簇生枝顶；花萼 5 深裂，裂片三角状长卵形，被糙伏毛，边缘具睫毛；花冠阔漏斗形，玫瑰色、鲜红色或暗红色，裂片 5，倒卵形，上部裂片具深红色斑点；蒴果卵球形，密被糙伏毛；花萼宿存。

物候期：花期 4~5 月，果期 6~8 月。

生境：生于山地疏灌丛或松林下。

分布：分布于保护区海拔 500~2500 m。

报春花科 (Primulaceae)　　　　　　　　　紫金牛属 (*Ardisia*)

百两金　*Ardisia crispa*

形态特征： 灌木，具匍匐生根的根茎，直立茎除侧生特殊花枝外，无分枝。叶片膜质或近坚纸质，椭圆状披针形或狭长圆状披针形，全缘或略波状，具明显的边缘腺点，两面无毛。亚伞形花序，花枝通常无叶；花梗被微柔毛；萼片长圆状卵形或披针形，无毛；花瓣白色或粉红色，卵形，外面无毛，具腺点；果球形，鲜红色，具腺点。

物候期： 花期5~6月，果期10~12月，有时植株上部开花，下部果熟。

生境： 生于山谷、山坡，疏、密林下或竹林下。

分布： 分布于保护区海拔300~2400m。

报春花科 (Primulaceae)　　　　　　　　　　　　　　**紫金牛属** (*Ardisia*)

紫金牛　*Ardisia japonica*

形态特征: 小灌木或亚灌木, 近蔓生, 具匍匐生根的根茎; 直立茎不分枝, 幼时被细微柔毛, 以后无毛。叶对生或近轮生, 叶片坚纸质或近革质, 椭圆形至椭圆状倒卵形, 边缘具细锯齿; 叶柄被微柔毛。亚伞形花序; 萼片卵形, 两面无毛, 具缘毛; 花瓣粉红色或白色, 广卵形, 无毛, 具密腺点; 果球形, 鲜红色转黑色。

物候期: 花期5~6月, 果期11~12月, 有时5~6月仍有果。

生境: 生于山间林下或竹林下, 阴湿的地方。

分布: 分布于保护区海拔250~1200m。

报春花科（Primulaceae）　　　　　　　　　珍珠菜属（*Lysimachia*）

黑腺珍珠菜　*Lysimachia heterogenea*

形态特征： 多年生草本，全体无毛。茎直立，四棱形，棱边有狭翅和黑色腺点，上部分枝。基生叶匙形，茎叶对生，无柄；叶片披针形或线状披针形，极少长圆状披针形，两面密生黑色粒状腺点。苞片叶状；花萼裂片线状披针形，背面有黑色腺条和腺点；花冠白色，裂片卵状长圆形；蒴果球形。

物候期： 花期5~7月，果期8~10月。

生境： 生于水边湿地。

分布： 分布于保护区海拔300~900m。

报春花科 (Primulaceae) 珍珠菜属 (*Lysimachia*)

落地梅 *Lysimachia paridiformis*

形态特征: 根茎粗短或呈块状; 根簇生, 纤维状, 密被黄褐色绒毛。茎直立, 无毛, 不分枝。叶片倒卵形以至椭圆形, 干时坚纸质, 无毛, 两面散生黑色腺条。花集生茎端成伞形花序; 花萼分裂近达基部, 裂片披针形或自卵形的基部向上逐渐变尖, 无毛或具稀疏缘毛; 花冠黄色, 裂片狭长圆形; 蒴果近球形。

物候期: 花期5~6月, 果期7~9月。

生境: 生于山谷林下湿润处。

分布: 分布于保护区海拔240~1400m。

报春花科（Primulaceae）   珍珠菜属（*Lysimachia*）

光叶巴东过路黄 *Lysimachia patungensis* f. *glabrifolia*

形态特征： 叶光滑无毛；茎和花萼被极稀疏的柔毛或近于无毛；花冠黄色，内面基部橙红色；花药卵状长圆形；花粉粒具3孔沟，近球形，表面具网状纹饰；子房上部被毛；蒴果球形。

生境： 生于疏林下。

分布： 分布于保护区海拔300~1000 m。

报春花科 (Primulaceae)　　　　　　　　　珍珠菜属 (*Lysimachia*)

巴东过路黄　*Lysimachia patungensis*

形态特征: 茎纤细, 匍匐伸长, 节上生根, 密被铁锈色多细胞柔毛; 分枝上升; 叶对生, 呈轮生状, 叶片阔卵形或近圆形, 极少近椭圆形, 先端钝圆、圆形或有时微凹, 草质而稍厚, 上面绿色, 下面粉绿色, 两面密布具节糙伏毛, 边缘透光可见透明粗腺条; 叶柄密被柔毛。花梗密被铁锈色柔毛; 花冠黄色; 蒴果球形。

物候期: 花期5~6月, 果期7~8月。

生境: 生于山谷溪边和林下。

分布: 分布于保护区海拔300~1000m。

报春花科 (Primulaceae)　　　　　　　　　　　　　　　珍珠菜属 (*Lysimachia*)

点叶落地梅　*Lysimachia punctatilimba*

形态特征： 茎常自匍匐生根的基部直立，圆柱形，下部光滑，上部密被秕鳞状腺体。叶对生，叶片卵圆形或卵状椭圆形，上面绿色，疏被具节糙伏毛或近于无毛，下面淡绿色，无毛，两面密布黑色腺点；叶柄具狭翅。头状花序；苞片卵圆形，长于花萼；花萼裂片披针形或狭披针形，具 3 脉；花冠黄色，裂片长圆形；蒴果近球形。

物候期： 花期 5~7 月。

生境： 生于山坡密林下和溪边。

分布： 分布于保护区海拔 1300~1800 m。

报春花科 (Primulaceae)　　　　　　　　　　报春花属 (*Primula*)

鄂报春　*Primula obconica*

形态特征: 多年生草本;根状茎粗短,向下发出棕褐色长根。叶卵圆形、椭圆形或矩圆形,干时纸质或近膜质,上面近于无毛或被毛,下面沿叶脉被多细胞柔毛;叶柄被白色或褐色的多细胞柔毛。伞形花序;苞片线形至线状披针形,被柔毛;花梗被柔毛;花萼杯状或阔钟状,具5脉,外面被柔毛;花冠玫瑰红色,稀白色;蒴果球形。

物候期: 花期3~6月。

生境: 生于林下、水沟边和湿润岩石上。

分布: 分布于保护区海拔500~2200m。

报春花科 (Primulaceae)　　　　　　　　　　　　　　　　　报春花属 (*Primula*)

卵叶报春　*Primula ovalifolia*

形态特征： 多年生草本，全株无粉。根状茎粗短或稍伸长，具多数纤维状须根。叶阔椭圆形或矩圆状椭圆形至阔倒卵形，干时坚纸质至近革质；叶柄具狭翅，密被多细胞柔毛；伞形花序；花梗被柔毛；花萼钟状，外面被微柔毛，常有褐色小腺点；花冠紫色或蓝紫色；蒴果球形。

物候期： 花期3~4月，果期5~6月。

生境： 生于林下和山谷阴处。

分布： 分布于保护区海拔600~2500m。

龙胆科 (Gentianaceae)   花锚属 (*Halenia*)

椭圆叶花锚 *Halenia elliptica*

形态特征: 一年生草本; 根具分枝, 黄褐色。茎直立, 无毛、四棱形。基生叶椭圆形, 全缘, 具宽扁的柄, 叶脉3条; 茎生叶先端圆钝或急尖, 全缘, 叶脉5条, 抱茎。聚伞花序腋生和顶生; 花萼裂片椭圆形或卵形, 常具小尖头, 具3脉; 花冠蓝色或紫色, 裂片卵圆形或椭圆形; 蒴果宽卵形, 淡褐色; 种子褐色, 椭圆形或近圆形。

物候期: 花果期7~9月。

生境: 生于高山林下及林缘、山坡草地、灌丛中及山谷水沟边。

分布: 分布于保护区海拔700~3000 m。

龙胆科（Gentianaceae）　　　　　　　　　　　　**獐牙菜属**（*Swertia*）

瘤毛獐牙菜　*Swertia pseudochinensis*

　　形态特征：一年生草本；主根明显，茎直立，四棱形，棱上有窄翅，从下部起多分枝。叶无柄，线状披针形至线形，两端渐狭，下面中脉明显凸起。圆锥状复聚伞花序多花；花梗直立，四棱形；花萼绿色，与花冠近等长，裂片线形，先端渐尖，下面中脉明显凸起；花冠蓝紫色，具深色脉纹，裂片披针形。

　　物候期：花期8~9月。

　　生境：生于山坡上、河滩、林下、灌丛中。

　　分布：分布于保护区海拔500~1600m。

龙胆科 (Gentianaceae)　　　　　　　　　　双蝴蝶属 (*Tripterospermum*)

双蝴蝶 *Tripterospermum chinense*

形态特征： 多年生缠绕草本；茎绿色或紫红色，近圆形，具细条棱。基生叶通常 2 对，呈双蝴蝶状，卵形、倒卵形或椭圆形，全缘，上面绿色，下面淡绿色或紫红色；茎生叶通常卵状披针形，少为卵形，叶脉 3 条，全缘。花萼钟形，裂片线状披针形；花冠蓝紫色或淡紫色，钟形，裂片卵状三角形。蒴果内藏或先端外露，淡褐色，椭圆形；种子淡褐色，近圆形。

物候期： 花果期 10~12 月。

生境： 生于山坡林下、林缘、灌丛或草丛中。

分布： 分布于保护区海拔 300~1100 m。

夹竹桃科（Apocynaceae）　　　　　　　　　　　　　　吊灯花属（*Ceropegia*）

巴东吊灯花　*Ceropegia driophila*

形态特征：攀援半灌木；茎干后中空，圆柱状或略具细条纹，黄色，无毛。叶薄膜质，长圆形或卵圆状长圆形，叶面具疏长毛，叶背无毛或几无毛，有缘毛；叶柄纤细。聚伞花序；总花梗无毛；花萼裂片线形渐尖，花萼内面基部具有5个小腺体；花冠暗红色，裂片舌状长圆形，顶端粘合，有缘毛。

物候期：花期6月。

生境：生于灌木丛中。

分布：分布于保护区海拔600~900m。

夹竹桃科 (Apocynaceae)　　　　　　　　　　　鹅绒藤属 (*Cynanchum*)

华萝藦　*Cynanchum hemsleyanum*

形态特征: 多年生草质藤本,具乳汁;枝条具单列短柔毛,节上更密。叶膜质,卵状心形,叶耳圆形,两面无毛,叶面深绿色,叶背粉绿色;总状式聚伞花序腋生;花梗被疏柔毛;花白色,芳香;花萼裂片卵状披针形至长圆状披针形;花冠近辐状,裂片宽长圆形,两面无毛;副花冠环状;种子宽长圆形,有膜质边缘。

物候期: 花期7~9月,果期9~12月。

生境: 生于山地林谷、路旁或山脚湿润地灌木丛中。

分布: 分布于保护区海拔300~900m。

旋花科 (Convolvulaceae) 打碗花属 *(Calystegia)*

旋花 *Calystegia sepium*

形态特征: 多年生草本，全体不被毛。茎缠绕，伸长，有细棱；叶形多变，三角状卵形或宽卵形；花腋生，1朵；花梗有细棱或有时具狭翅；苞片宽卵形，顶端锐尖；萼片卵形，顶端渐尖或有时锐尖；花冠通常白色或有时淡红或紫色，漏斗状，冠檐微裂；蒴果卵形，为增大宿存的苞片和萼片所包被。种子黑褐色，表面有小疣。

物候期: 花期5~7月，果期7~8月。

生境: 生于路旁、溪边草丛、农田边或山坡林缘。

分布: 分布于保护区海拔240~2600m。

旋花科 (Convolvulaceae)　　　　　　　　　　　　　　　菟丝子属 (*Cuscuta*)

金灯藤　*Cuscuta japonica*

形态特征: 一年生寄生缠绕草本; 茎较粗壮, 肉质, 黄色, 常带紫红色瘤状斑点, 无毛, 多分枝, 无叶。花无柄或几无柄, 形成穗状花序; 苞片及小苞片鳞片状, 卵圆形, 顶端尖, 全缘; 花萼碗状, 肉质, 裂片卵圆形或近圆形, 背面常有紫红色瘤状突起; 花冠钟状, 淡红色或绿白色; 蒴果卵圆形, 近基部周裂。种子光滑, 褐色。

物候期: 花期8月, 果期9月。

生境: 寄生于路旁草本或灌木上。

分布: 分布于保护区海拔600~1600 m。

紫草科 (Boraginaceae)　　　　　　　　　　　　　　　　琉璃草属 (*Cynoglossum*)

小花琉璃草 *Cynoglossum lanceolatum*

形态特征：多年生草本；茎直立，由中部或下部分枝，密生基部具基盘的硬毛。基生叶及茎下部叶具柄，长圆状披针形，上面被具基盘的硬毛及稠密的伏毛，下面密生短柔毛；茎中部叶无柄或具短柄，披针形，茎上部叶极小。花序顶生及腋生，无苞片；花萼裂片卵形，外面密生短伏毛，内面无毛；花冠淡蓝色，钟状，喉部有5个半月形附属物。

物候期：花果期4～9月。

生境：生于丘陵、山坡草地或路边。

分布：分布于保护区海拔300～2800 m。

紫草科（Boraginaceae）　　　　　　　　　　　　　紫草属（*Lithospermum*）

梓木草　*Lithospermum zollingeri*

形态特征： 多年生匍匐草本；根褐色，稍含紫色物质；匍匐茎有开展的糙伏毛；茎直立。基生叶有短柄，叶片倒披针形或匙形，两面都有短糙伏毛；茎生叶与基生叶同形而较小，近无柄。花序有花1至数朵，苞片叶状；花萼裂片线状披针形，两面都有毛；花冠蓝色或蓝紫色，外面稍有毛。小坚果斜卵球形，乳白色而稍带淡黄褐色，平滑，有光泽。

物候期： 花果期5~8月。

生境： 生于丘陵、低山草坡或灌丛下。

分布： 分布于保护区海拔300~850m。

紫草科（Boraginaceae）　　　　　　　　　　　　　　　　附地菜属（*Trigonotis*）

西南附地菜　*Trigonotis cavaleriei*

形态特征：多年生草本；根状茎长而粗，有多数细长的纤维状根。茎通常不分枝，稍呈之字形弯曲。叶片宽卵形或椭圆形，基部圆形或微心形，上面密生糙伏毛，下面毛较稀疏；叶柄密生长硬毛，基部扩展呈鞘状；花序无苞片，有短伏毛；花萼 5 浅裂，裂片宽卵形，下半部密生短伏毛，上半部无毛，边缘有细缘毛；花冠蓝色或白色。

物候期：花果期 5~8 月。

生境：生于山地林下或林缘，溪谷湿地或路旁。

分布：分布于保护区海拔 700~2000 m。

唇形科（Lamiaceae）   藿香属（*Agastache*）

藿香　*Agastache rugosa*

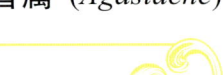

形态特征: 多年生草本; 茎直立, 四棱形, 上部被极短的细毛, 下部无毛。叶心状卵形至长圆状披针形, 边缘具粗齿, 纸质, 上面橄榄绿色, 近无毛, 下面略淡, 被微柔毛及点状腺体。轮伞花序多花, 具短梗, 被微柔毛。花萼管状倒圆锥形, 萼齿三角状披针形。花冠淡紫蓝色, 外被微柔毛; 成熟小坚果卵状长圆形, 腹面具棱, 褐色。

物候期: 花期6~9月, 果期9~11月。

分布: 分布于保护区海拔800~1700 m。

唇形科（Lamiaceae）　　　　　　　　　　　　　　　筋骨草属（*Ajuga*）

金疮小草　*Ajuga decumbens*

形态特征： 一或二年生草本，平卧或上升，具匍匐茎，被白色长柔毛或绵状长柔毛，绿色。基生叶较多，呈紫绿色或浅绿色，被长柔毛；叶片薄纸质，匙形或倒卵状披针形，具缘毛，两面被疏糙伏毛或疏柔毛。下部苞叶与茎叶同形，匙形，上部苞叶呈苞片状，披针形；花冠淡蓝色或淡紫红色，稀白色，筒状；小坚果倒卵状三棱形。

物候期： 花期3~7月，果期5~11月。

生境： 生于溪边、路旁及湿润的草坡上。

分布： 分布于保护区海拔360~1400 m。

唇形科 (Lamiaceae) 　　　　　　　　　　　　风轮菜属 (*Clinopodium*)

异色风轮菜　*Clinopodium discolor*

形态特征: 多年生草本, 具匍匐纤细的根状茎。茎及分枝钝四棱形, 无槽, 具细条纹, 密被倒向灰白微柔毛。叶通常狭卵圆形, 有时卵状披针形, 上面橄绿色, 下面苍绿, 被疏柔毛; 叶柄密被小疏柔毛。苞叶叶状, 苞片线状钻形, 被白色长缘毛; 花冠粉红色, 有紫色斑纹, 外面被微柔毛。小坚果圆卵形, 光滑, 暗栗色。

物候期: 花期8~9月, 果期9~10月。

生境: 生于林下、林缘、路旁、荒地上。

分布: 分布于保护区海拔1600~3000m。

唇形科（Lamiaceae）   风轮菜属（*Clinopodium*）

灯笼草 *Clinopodium polycephalum*

形态特征: 直立多年生草本，多分枝，基部有时匍匐生根。茎四棱形，具槽，被平展糙硬毛及腺毛。叶卵形，上面橄榄绿色，下面略淡，两面被糙硬毛。轮伞花序多花，圆球状，沿茎及分枝形成宽而多头的圆锥花序；苞叶叶状，较小；苞片针状，被具节长柔毛及腺柔毛；花梗密被腺柔毛。花冠紫红色；小坚果卵形，褐色，光滑。

物候期: 花期7~8月，果期9月。

生境: 生于山坡、路边、林下、灌丛中。

分布: 分布于保护区海拔240~3000 m。

唇形科（Lamiaceae）　　　　　　　　　　　动蕊花属（*Kinostemon*）

动蕊花　*Kinostemon ornatum*

　　形态特征： 多年生草本；茎直立，基部分枝，并具早年残存的茎基，四棱形，无槽，光滑无毛。叶具短柄，叶片卵圆状披针形至长圆状线形，两面光滑无毛。轮伞花序2花，远隔，开向一面，多数组成顶生及腋生无毛的疏松总状花序，腋生者稍短于叶；苞片早落；花梗无毛。萼筒外面无毛，萼齿呈二唇式张开。花冠紫红色，外面被微柔毛及淡黄色腺点，内面无毛。

　　生境： 生于山地林下。

　　分布： 分布于保护区海拔740~2550 m。

唇形科（Lamiaceae） 野芝麻属（*Lamium*）

野芝麻 *Lamium barbatum*

形态特征：多年生植物；根茎有长地下匍匐枝。茎单生，直立，四棱形，具浅槽。茎下部的叶卵圆形或心脏形，茎上部的叶卵圆状披针形，两面均被短硬毛。轮伞花序着生于茎端；苞片狭线形或丝状，锐尖，具缘毛。花萼钟形，外面疏被伏毛，膜质。花冠白或浅黄色，外面在上部被疏硬毛或近绒毛状毛被；小坚果倒卵圆形，淡褐色。

物候期：花期 4~6 月，果期 7~8 月。

生境：生于路边、溪旁、田埂或荒坡上。

分布：分布于保护区海拔 250~2600 m。

唇形科 (Lamiaceae) 龙头草属 (*Meehania*)

梗花华西龙头草 *Meehania fargesii* var. *pedunculata*

形态特征： 多年生草本；茎较高大粗壮，有多分枝；叶心形、卵状心形或三角状心形，疏生锯齿或钝齿，上面疏被糙伏毛，下面被柔毛；聚伞花序具3花以上，形成明显的轮伞花序，花萼近管形，花冠淡红或紫红色，上唇裂片圆形或长圆形，下唇中裂片近圆形，边缘波状，侧裂片长圆形或圆形。

物候期： 花期4~6月，果期7月。

生境： 生于山地常绿林或针阔叶混交林内。

分布： 分布于保护区海拔1400~3000m。

唇形科（Lamiaceae）　　　　　　　　　　橙花糙苏属（*Phlomis*）

糙苏 *Phlomis umbrosa*

形态特征： 多年生草本；根粗厚，须根肉质；叶近圆形、圆卵形至卵状长圆形，边缘为具胼胝尖的锯齿状牙齿，或为不整齐的圆齿，上面橄榄绿色，被疏柔毛及星状疏柔毛，下面较淡，叶柄密被短硬毛；苞叶通常为卵形；轮伞花序；苞片线状钻形，紫红色。花萼管状，外面被星状微柔毛。花冠通常粉红色，下唇较深色，常具红色斑点。

物候期： 花期6~9月，果期9月。

生境： 生于疏林下或草坡上。

分布： 分布于保护区海拔290~2700m。

唇形科 (Lamiaceae)　　　　　　　　　　　　　鼠尾草属 (*Salvia*)

单叶丹参　*Salvia miltiorrhiza* var. *charbonnelii*

形态特征: 多年生草本；主根肉质，深红色；茎多分枝，密被长柔毛；叶为单叶，间有具3小叶的复叶，叶片或小叶片圆形或近圆形；轮伞花序具6至多花，密被长柔毛，苞片披针形；花萼钟形，带紫色，疏被长柔毛及腺长柔毛，具缘毛，内面中部密被白色长硬毛；花冠紫蓝色，被腺短柔毛。

物候期: 花期4~8月，果期9~11月。

生境: 生于草丛、山坡或路旁。

分布: 分布于保护区海拔300~1500m。

唇形科 (Lamiaceae)　　　　　　　　　　　　黄芩属 *(Scutellaria)*

峨眉黄芩　*Scutellaria omeiensis*

形态特征：多年生草本；根茎横卧，密生多数须状不定根，在节上生匐枝。茎直立，下部数节密生须状不定根，沿棱角上密生白色贴伏疏柔毛，余部近无毛。叶片坚纸质、卵圆形，边缘具圆齿。花序总状，顶生或腋生，少花；苞片卵圆形，具短柄，被稀疏白色微柔毛。花冠黄色至紫红色，外被具腺短柔毛，内无毛。

物候期：花期6~7月，果期7~8月。

生境：生于亚热带阔叶林下。

分布：分布于保护区海拔1600~2950 m。

茄科 (Solanaceae)   酸浆属 (*Alkekengi*)

挂金灯 *Alkekengi officinarum* var. *franchetii*

形态特征: 多年生草本,基部常匍匐生根。茎较粗壮,茎节膨大;叶仅叶缘有短毛;花梗近无毛或仅有稀疏柔毛,果时无毛;花萼除裂片密生毛外筒部毛被稀疏,果萼毛被脱落而光滑无毛。果萼卵状、薄革质、网脉显著,有10纵肋,橙色或火红色,被宿存的柔毛;浆果球状,橙红色。种子肾脏形,淡黄色。

物候期: 花期5~9月,果期6~10月。

生境: 常生于田野、沟边、山坡草地、林下或路旁水边。

分布: 分布于保护区海拔500~1200m。

玄参科 (Scrophulariaceae)　　　　　　　　　　　　　　醉鱼草属 (*Buddleja*)

巴东醉鱼草 *Buddleja albiflora*

　　形态特征： 灌木。枝条圆柱形或近圆柱形；叶对生，叶片纸质，披针形、长圆状披针形或长椭圆形，上面深绿色，近无毛，下面被灰白色或淡黄色星状短绒毛。圆锥状聚伞花序顶生；花萼钟状，内面无毛，花萼裂片三角形；花冠淡紫色，后变白色，喉部橙黄色，芳香，花冠裂片近圆形；种子褐色，条状梭形，两端具长翅。

　　物候期： 花期 2~9 月，果期 8~12 月。

　　生境： 生于山地灌木丛中或林缘。

　　分布： 分布于保护区海拔 500~2800 m。

玄参科 (Scrophulariaceae) 　　　　　　　　　　醉鱼草属 (*Buddleja*)

密蒙花　*Buddleja officinalis*

　　形态特征: 灌木, 小枝略呈四棱形, 灰褐色; 叶对生, 叶片纸质, 狭椭圆形、长卵形, 叶上面深绿色, 被星状毛, 下面浅绿色; 聚伞圆锥花序; 花梗极短; 小苞片披针形, 被短绒毛; 花萼钟状, 花萼裂片三角形或宽三角形; 花冠紫堇色, 后变白色或淡黄白色; 蒴果椭圆状, 2瓣裂; 种子狭椭圆形, 两端具翅。

　　物候期: 花期3~4月, 果期5~8月。

　　生境: 生于向阳山坡、河边、村旁的灌木丛中或林缘。

　　分布: 分布于保护区海拔280~2800m。

列当科 (Orobanchaceae)　　　　　　　　　　　　　　　　马先蒿属 (*Pedicularis*)

平坝马先蒿 *Pedicularis ganpinensis*

形态特征: 一年或二年生草本, 干时不变黑色。茎近基处圆形, 上部渐作不显著的方形, 有棱沟, 沟中有成行之毛。叶片椭圆状披针形至长圆状披针形, 羽状深裂, 裂片线状披针形, 缘有锐锯齿。花序穗状, 顶生, 苞片三角状披针形, 两面多毛, 柄明显, 多毛; 花冠紫红色, 下唇侧裂大, 为椭圆状卵形。

生境: 生于山上草坡中。

分布: 分布于保护区海拔1000~1300m。

列当科 (Orobanchaceae)　　　　　　　　　　　　松蒿属 (*Phtheirospermum*)

松蒿　*Phtheirospermum japonicum*

形态特征: 一年生草本, 植体被多细胞腺毛。茎直立或弯曲而后上升; 叶具柄, 叶片长三角状卵形, 近基部的羽状全裂, 向上则为羽状深裂; 小裂片长卵形或卵圆形, 边缘具重锯齿或深裂。花具梗, 萼齿5枚, 叶状, 披针形, 羽状浅裂至深裂, 裂齿先端锐尖; 花冠紫红色至淡紫红色, 外面被柔毛; 蒴果卵珠形。种子卵圆形, 扁平。

物候期: 花果期6~10月。

生境: 生于山坡灌丛阴处。

分布: 分布于保护区海拔350~1900m。

苦苣苔科 (Gesneriaceae)　　　　　　　　　　　　　　蛛毛苣苔属 (*Paraboea*)

蛛毛苣苔 *Paraboea sinensis*

　　形态特征： 小灌木；茎常弯曲，幼枝具褐色毡毛，节间短。叶对生，具叶柄；叶片长圆形，边缘生小钝齿或近全缘；聚伞花序伞状，成对腋生，具10余花；苞片圆卵形；花梗具短绵毛。花萼绿白色，常带紫色，5裂至近基部，倒披针状匙形，两面近无毛。花冠紫蓝色，外面无毛。蒴果线形，无毛，螺旋状卷曲。种子狭长圆形。

　　物候期： 花期6~7月，果期8月。

　　生境： 生于山坡林下石缝中或陡崖上。

　　分布： 分布于保护区海拔600~2100 m。

苦苣苔科 (Gesneriaceae)　　　　　　　　　　吊石苣苔属 (*Lysionotus*)

吊石苣苔 *Lysionotus pauciflorus*

形态特征 小灌木；分枝或不分枝，无毛或上部疏被短毛。叶 3 枚轮生，具短柄或近无柄；叶片革质；叶柄上面常被短伏毛。苞片披针状线形，疏被短毛或近无毛；花梗无毛。花萼 5 裂，达或近基部，裂片狭三角形或线状三角形。花冠白色带淡紫色条纹或淡紫色，无毛；花盘杯状，有尖齿。蒴果线形，无毛。种子纺锤形。

物候期： 花期 7~10 月。

生境： 生于丘陵或山地林中或阴处石崖上或树上。

分布： 分布于保护区海拔 300~2000 m。

苦苣苔科 (Gesneriaceae)　　　　　　　　　　　　　　　报春苣苔属 (*Primulina*)

神农架报春苣苔　*Primulina tenuituba*

形态特征：多年生小草本；叶基生，叶片纸质，卵形、圆卵形或近圆形，两面被贴伏柔毛；总花梗与花梗均密被开展短柔毛；苞片对生，三角形。花萼5裂达基部，裂片线形或狭三角形，外面被短柔毛，内面无毛。花冠紫色，外面疏被短柔毛，内面在下唇之下被短柔毛；蒴果线形，被短柔毛。

物候期：花期3~5月。

生境：生于山地岩石缝中、陡崖上或林下。

分布：分布于保护区海拔370~1000 m。

苦苣苔科 (Gesneriaceae)　　　　　　　　　　　　　　报春苣苔属 (*Primulina*)

牛耳朵　*Primulina eburnean*

形态特征: 多年生草本, 具粗根状茎; 叶均基生, 肉质; 叶片卵形或狭卵形, 顶端微尖或钝, 基部渐狭或宽楔形, 边缘全缘, 两面均被贴伏状短柔毛, 侧脉约4对; 叶柄扁, 密被短柔毛; 聚伞花序; 苞片2, 对生; 花萼5裂达基部; 花冠紫色或淡紫色, 有时白色, 喉部黄色; 花盘斜, 边缘有波状齿。蒴果被短柔毛。

物候期: 花期4~7月, 果期8~10月。

生境: 生于石灰山林中石上或沟边林下。

分布: 分布于保护区海拔300~1500 m。

爵床科 (Acanthaceae)　　　　　　　　　　十万错属 (*Asystasia*)

白接骨 *Asystasia neesiana*

形态特征: 草本，具白色，富黏液，竹节形根状茎；略呈4棱形。叶卵形至椭圆状矩圆形，顶端尖至渐尖，边缘微波状至具浅齿，叶片纸质，侧脉6~7条，两面凸起，疏被微毛。总状花序或基部有分枝，顶生；花单生或对生；苞片2，微小；花冠淡紫红色，漏斗状，外疏生腺毛，花冠筒细长，裂片5。蒴果具4粒种子。

生境: 生于林下或溪边。

分布: 分布于保护区海拔600~1100 m。

爵床科 (Acanthaceae)　　　　　　　　　　　　　　　马蓝属 (*Strobilanthes*)

四子马蓝　*Strobilanthes tetrasperma*

形态特征: 多年生草本；下部茎节上生根；茎4棱，在宽沟中光滑无毛。叶卵形或披针形，基部急尖，边缘有齿，叶片两面光滑无毛，侧脉4~5条。花密生于穗状花序，苞片披针形，边缘具齿，光滑无毛，小苞片长圆状条形，钝。萼片长圆状条形，光滑无毛。花冠堇色，冠管基部圆柱形，上部扩大和稍稍弯曲。

分布: 分布于保护区海拔600~640m。

车前科 (Plantaginaceae)　　　　　　　　　　　　　　婆婆纳属 (*Veronica*)

华中婆婆纳　*Veronica henryi*

　　形态特征: 茎直立、上升或中下部匍匐, 着地部分节外也生根, 下部近无毛, 上部被细柔毛, 常红紫色。叶片薄纸质, 卵形至长卵形, 边缘齿尖向叶顶, 两面无毛或仅上面被短柔毛或两面都有短柔毛。总状花序1~4对; 苞片条状披针形, 无毛; 花萼裂片条状披针形, 无毛; 花冠白色或淡红色, 具紫色条纹; 蒴果折扇状菱形。

　　物候期: 花期4~5月。

　　生境: 生于阴湿地。

　　分布: 分布于保护区海拔500~2300m。

车前科 (Plantaginaceae)　　　　　　　　　　　婆婆纳属 (*Veronica*)

疏花婆婆纳　*Veronica laxa*

形态特征： 全株被白色多细胞柔毛。茎直立或上升，不分枝。叶无柄或具极短的叶柄，叶片卵形或卵状三角形，边缘具深刻的粗锯齿，多为重锯齿。总状花序单支或成对，侧生于茎中上部叶腋；苞片宽条形或倒披针形；花萼裂片条状长椭圆形；花冠辐状，紫色或蓝色，裂片圆形至菱状卵形；种子南瓜子形。

物候期： 花期6月。

生境： 生于沟谷阴处或山坡林下。

分布： 分布于保护区海拔1500~2500 m。

车前科 (Plantaginaceae) 婆婆纳属 *(Veronica)*

婆婆纳 *Veronica polita*

形态特征：铺散多分枝草本，多少被长柔毛。叶具短柄，叶片心形至卵形，每边有 2~4 个深刻的钝齿，两面被白色长柔毛。总状花序很长；苞片叶状，下部的对生或全部互生；花萼裂片卵形，三出脉，疏被短硬毛；花冠淡紫色、蓝色、粉色或白色，裂片圆形至卵形；蒴果近肾形，密被腺毛，脉不明显。种子背面具横纹。

物候期：花期 3~10 月。

生境：生于荒地。

分布：分布于保护区海拔 500~2400 m。

车前科 (Plantaginaceae)　　　　　　　　　　　　　　婆婆纳属 (*Veronica*)

陕川婆婆纳　*Veronica tsinglingensis*

形态特征: 多年生草本; 茎上升, 近基部匍匐, 节外疏生须根, 疏被灰白色多细胞柔毛。叶片膜质, 卵形至长卵形, 上面被微柔毛, 背面无毛。总状花序1~2支, 侧生于茎近顶端叶腋; 苞片条形至条状椭圆形, 几乎无毛; 花萼裂片条状披针形至条状椭圆形, 疏生多细胞腺睫毛; 花冠白色, 有紫色条纹; 种子扁, 卵状矩圆形。

物候期: 花期6~7月。

生境: 生于林中及草地中。

分布: 分布于保护区海拔1200~2500m。

茜草科 (Rubiaceae)　　　　　　　　　　　　　　　　茜树属 (*Aidia*)

香楠　*Aidia canthioides*

形态特征： 无刺灌木或乔木；枝无毛；叶长圆状椭圆形、长圆状披针形或披针形，两面无毛，下面脉腋有小窝孔，侧脉3~7对；叶柄托叶宽三角形；聚伞花序腋生；花萼被紧贴锈色疏柔毛，萼筒陀螺形，萼裂片三角形；花冠高脚碟状，白或黄白色，无毛，喉部被长柔毛；浆果球形。

物候期： 花期4~6月，果期5月至翌年2月。

生境： 生于山坡、山谷溪边、丘陵的灌丛中或林中。

分布： 分布于保护区海拔500~1500 m。

茜草科 (Rubiaceae)　　　　　　　　　　香果树属 (*Emmenopterys*)

香果树 *Emmenopterys henryi*

形态特征: 落叶大乔木; 叶宽椭圆形、宽卵形或卵状椭圆形; 叶柄托叶三角状卵形; 花芳香; 萼裂片近圆形, 叶状萼裂片白、淡红或淡黄色, 纸质或革质, 匙状卵形或宽椭圆形; 花冠漏斗形, 白或黄色, 被黄白色绒毛, 裂片近圆形; 蒴果长圆状卵形或近纺锤形。

物候期: 花期6~8月, 果期8~11月。

生境: 生于山谷林中, 喜湿润而肥沃的土壤。

分布: 分布于保护区海拔430~1650 m。

茜草科（Rubiaceae）　　　　　　　　　　　　拉拉藤属（*Galium*）

六叶葎 *Galium hoffmeisteri*

形态特征： 一年生草本，常直立，近基部分枝，有红色丝状的根；茎直立，柔弱，具4角棱，具疏短毛或无毛。叶片薄，纸质或膜质，长圆状倒卵形、倒披针形或椭圆形，上面散生糙伏毛，边缘有时有刺状毛，具1中脉，近无柄或有短柄。聚伞花序顶生和生于上部叶腋，总花梗无毛；苞片披针形；花冠白色或黄绿色，裂片卵形。

物候期： 花期4~8月，果期5~9月。

生境： 生于山坡、沟边、河滩、草地的草丛或灌丛中及林下。

分布： 分布于保护区海拔920~3000m。

茜草科 (Rubiaceae)　　　　　　　　　　　蛇根草属 (*Ophiorrhiza*)

日本蛇根草 *Ophiorrhiza japonica*

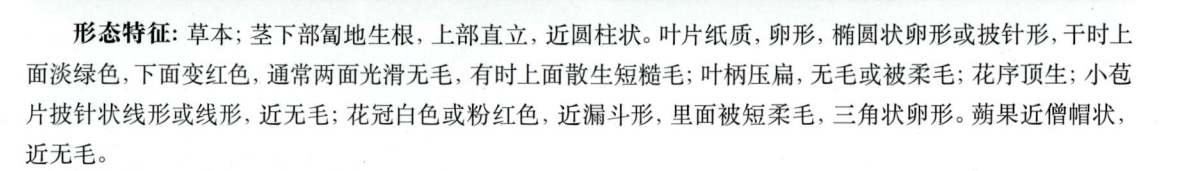

形态特征: 草本; 茎下部匍地生根, 上部直立, 近圆柱状。叶片纸质, 卵形、椭圆状卵形或披针形, 干时上面淡绿色, 下面变红色, 通常两面光滑无毛, 有时上面散生短糙毛; 叶柄压扁, 无毛或被柔毛; 花序顶生; 小苞片披针状线形或线形, 近无毛; 花冠白色或粉红色, 近漏斗形, 里面被短柔毛, 三角状卵形。蒴果近僧帽状, 近无毛。

物候期: 花期冬春, 果期春夏。

生境: 生于常绿阔叶林下的沟谷沃土上。

分布: 分布于保护区海拔850~1500 m。

茜草科 (Rubiaceae)　　　　　　　　　　　　　　　　鸡屎藤属 (*Paederia*)

鸡屎藤 *Paederia foetida*

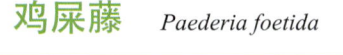

形态特征：藤状灌木，无毛或被柔毛。叶对生，膜质，卵形或披针形，叶上面无毛，在下面脉上被微毛；托叶卵状披针形，顶部2裂。圆锥花序腋生或顶生；小苞片卵形或锥形，有小睫毛；花萼钟形，萼檐裂片钝齿形；花冠紫蓝色，通常被绒毛，裂片短。果阔椭圆形，压扁，光亮；小坚果浅黑色，具1阔翅。

物候期：花期5~6月。

生境：生于低海拔的疏林内。

分布：分布于保护区海拔250~1900 m。

茜草科 (Rubiaceae)   假繁缕属 (*Theligonum*)

日本假繁缕 *Theligonum japonicum*

形态特征： 直立或斜生的多年生肉质草本植物，茎多从基部分枝，茎部有白色或锈色短毛，下部老茎常无毛。须根多数。茎叶常有臭气味。上部叶互生，下部叶对生，稍带肉质，卵形或近椭圆形，两面均有白色或锈色短毛；托叶膜质，卵形或卵状三角形，与叶柄基部合生抱茎。花雌雄同株，腋生，或在上部与叶成对对生，无花梗。果为坚果状的核果，卵圆形，两侧压扁。

物候期： 春夏季开花。

生境： 生于山谷、溪边的阴湿处，或林缘。

分布： 分布于保护区海拔750~950 m。

忍冬科（Caprifoliaceae）　　　　　　　　　　忍冬属（*Lonicera*）

淡红忍冬　*Lonicera acuminata*

形态特征: 落叶或半常绿藤本；叶薄革质至革质，卵状矩圆形、矩圆状披针形至条状披针形，两面被疏或密的糙毛或至少上面中脉有棕黄色短糙伏毛，有缘毛。苞片钻形，有少数短糙毛或无毛；萼筒椭圆形或倒壶形，无毛或有短糙毛；花冠黄白色而有红晕，漏斗状，外面无毛或有开展或半开展的短糙毛；果实蓝黑色，卵圆形；种子椭圆形至矩圆形。

物候期: 花期6月，果熟期10~11月。

生境: 生于山坡和山谷的林中、林间空旷地或灌丛中。

分布: 分布于保护区海拔500~3000m。

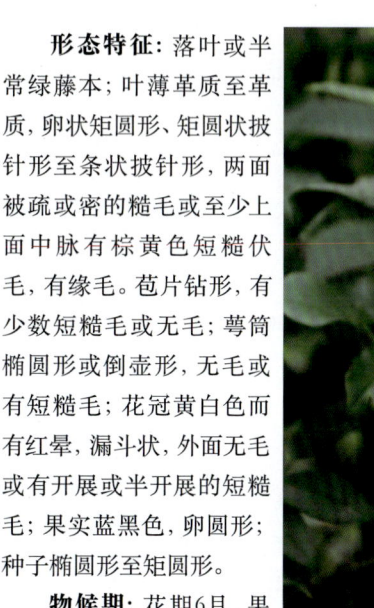

忍冬科 (Caprifoliaceae)   忍冬属 (*Lonicera*)

蕊被忍冬 *Lonicera gynochlamydea*

形态特征: 落叶灌木; 幼枝、叶柄及叶中脉常带紫色, 后变灰黄色, 幼枝无毛; 叶纸质, 卵状披针形、矩圆状披针形至条状披针形, 两面中脉有毛, 上面散生暗紫色腺, 下面基部中脉两侧常具白色长柔毛, 边缘有短糙毛。苞片钻形; 萼齿三角形或披针形, 有睫毛; 花冠白带淡红色或紫红色, 内、外两面均有短糙毛, 唇形。果实紫红色至白色。

物候期: 花期5月, 果期8~9月。

生境: 生于山坡和沟谷的灌丛或林中。

分布: 分布于保护区海拔1200~3000 m。

忍冬科 (Caprifoliaceae)   忍冬属 (*Lonicera*)

刚毛忍冬 *Lonicera hispida*

形态特征: 落叶灌木；幼枝常带紫红色，老枝灰色或灰褐色。叶厚纸质，椭圆形、卵状椭圆形、卵状矩圆形至矩圆形，近无毛或下面脉上有少数刚伏毛或两面均有疏或密的刚伏毛和短糙毛，边缘有刚睫毛。苞片宽卵形，有时带紫红色；萼檐波状；花冠白色或淡黄色，漏斗状，近整齐；果实先黄色后变红色，卵圆形至长圆筒形；种子淡褐色，矩圆形，稍扁。

物候期: 花期5~6月，果期7~9月。

生境: 生于山坡林中、林缘灌丛中或高山草地上。

分布: 分布于保护区海拔1700~3000 m。

忍冬科 (Caprifoliaceae) 忍冬属 (*Lonicera*)

女贞叶忍冬 *Lonicera ligustrina*

形态特征: 常绿或半常绿灌木；幼枝被灰黄色短糙毛，后变灰褐色。叶薄革质，披针形或卵状披针形，有时圆卵形或条状披针形，上面有光泽，密生短糙毛及短腺毛。总花梗极短，具短毛；苞片钻形；相邻两萼筒分离，萼齿大小不等，卵形，有缘毛和腺；花冠黄白色或紫红色，漏斗状；果实紫红色，后转黑色，圆形；种子卵圆形或近圆形，淡褐色，光滑。

物候期: 花期5~6月，果期(8~)10~12月。

生境: 生于灌丛或常绿阔叶林中。

分布: 分布于保护区海拔650~2000m。

忍冬科 (Caprifoliaceae) 　　　　　　　　　　　　　　　　忍冬属 (*Lonicera*)

唐古特忍冬　*Lonicera tangutica*

形态特征: 落叶灌木; 幼枝无毛或有2列弯的短糙毛, 有时夹生短腺毛, 二年生小枝淡褐色, 纤细, 开展。叶纸质, 倒披针形至矩圆形或倒卵形至椭圆形, 上面近叶缘处毛常较密, 有时近无毛或完全秃净, 常具糙缘毛。花冠白色、黄白色或有淡红晕, 筒状漏斗形, 外面无毛或有时疏生糙毛, 裂片近直立, 圆卵形; 果实红色; 种子淡褐色。

物候期: 花期5~6月, 果期7~8月（西藏9月）。

生境: 生于云杉、落叶松、栎和竹等林下或混交林中及山坡草地, 或溪边灌丛中。

分布: 分布于保护区海拔1600~3000 m。

五福花科 (Adoxaceae) 　　　　　　　　　　　　　　　　荚蒾属 (*Viburnum*)

桦叶荚蒾 *Viburnum betulifolium*

形态特征： 落叶灌木或小乔木；小枝紫褐色或黑褐色，稍有棱角。叶厚纸质或略带革质，干后变黑色，宽卵形至菱状卵形或宽倒卵形；叶柄纤细，疏生长毛或无毛，近基部常有1对钻形小托叶。萼筒有黄褐色腺点，疏被簇状短毛，萼齿小，宽卵状三角形；花冠白色，辐状，无毛，裂片圆卵形；果实红色，近圆形；核扁，有浅腹沟和深背沟。

物候期： 花期6~7月，果期9~10月。

生境： 生于山谷林中或山坡灌丛中。

分布： 分布于保护区海拔1300~3005 m。

五福花科（Adoxaceae）   荚蒾属（*Viburnum*）

短序荚蒾 *Viburnum brachybotryum*

形态特征： 常绿灌木或小乔木；苞片和小苞片均被黄褐色簇状毛；小枝黄白色或有时灰褐色。叶革质，倒卵形、倒卵状矩圆形或矩圆形，上面深绿色，有光泽，下面散生黄褐色簇状毛或近无毛；圆锥花序通常尖形；萼筒筒状钟形，萼齿卵形；花冠白色，辐状，筒极短；果实鲜红色，卵圆形；核卵圆形或长卵形，有1条深腹沟。

物候期： 花期1~3月，果期7~8月。

生境： 生于山谷密林或山坡灌丛中。

分布： 分布于保护区海拔1400~1650m。

五福花科（Adoxaceae）

荚蒾属（*Viburnum*）

巴东荚蒾 *Viburnum henryi*

形态特征：灌木或小乔木，全株无毛或近无毛；当年小枝带紫褐色或绿色，二年生小枝灰褐色，稍有纵裂缝。叶亚革质，倒卵状矩圆形至矩圆形或狭矩圆形，边缘有浅的锐锯齿；圆锥花序顶生；苞片和小苞片条状披针形，绿白色；花芳香；花冠白色，辐状，裂片卵圆形；果实红色，后变紫黑色，椭圆形。

物候期：花期6月，果熟期8~10月。

生境：生于山谷密林中或湿润草坡上。

分布：分布于保护区海拔900~2600m。

葫芦科 (Cucurbitaceae)　　　　　　　　　　　　　　　雪胆属 (*Hemsleya*)

雪胆 *Hemsleya chinensis*

形态特征： 多年生攀援草本；茎和小枝纤细，疏被短柔毛，通常近茎节处被毛较密。卷须线形，疏被短柔毛。趾状复叶；小叶片卵状披针形、矩圆状披针形或宽披针形，膜质，被短柔毛，上面深绿色，背面灰绿色。花雌雄异株。雄花花冠橙红色，花萼呈灯笼状；雌花稀疏总状花序，总花梗纤细；种子黑褐色，近圆形，周生狭的木栓质翅。

物候期： 花期7~9月，果期9~11月。

生境： 生于杂木林下或林缘沟边。

分布： 分布于保护区海拔1200~2100m。

葫芦科 (Cucurbitaceae)　　　　　　　　　　　　　雪胆属 (*Hemsleya*)

马铜铃　*Hemsleya graciliflora*

形态特征: 多年生攀援草本, 小枝纤细具棱槽, 疏被微柔毛及细刺毛。卷须纤细, 疏被微柔毛, 先端2歧状。趾状复叶多为7小叶; 小叶长圆状披针形至倒卵状披针形; 小叶柄叶面浓绿色, 背面灰绿色。雌雄异株。果实筒状倒圆锥形, 具10条细纹, 底平截, 果柄弯曲。种子轮廓长圆形, 稍扁平, 周生木栓质翅, 外有乳白色膜质边。

物候期: 花期6~9月, 果期8~11月。

生境: 生于杂木林中。

分布: 分布于保护区海拔1200~2000m。

葫芦科 (Cucurbitaceae)   赤瓟属(*Thladiantha*)

长叶赤瓟　*Thladiantha longifolia*

形态特征： 攀援草本；茎、枝柔弱，有棱沟。叶柄纤细；叶片膜质，卵状披针形或长卵状三角形；叶面有短刚毛，脉上有短柔毛或近无毛，叶背无毛。雌雄异株。雄花花冠黄色，裂片长圆形或椭圆形，顶端稍钝，具5脉。雌单生或2~3朵生于一短的总花梗上；果实阔卵形，果皮有瘤状突起。种子卵形，两面稍膨胀，有网脉。

物候期： 花期4~7月，果期8~10月。

生境： 生于山坡杂木林、沟边及灌丛中。

分布： 分布于保护区海拔1000~2200 m。

葫芦科 (Cucurbitaceae)　　　　　　　　　　栝楼属(*Trichosanthes*)

中华栝楼　*Trichosanthes rosthornii*

形态特征: 攀援藤本; 块根条状, 淡灰黄色, 具横瘤状突起。叶片纸质, 轮廓阔卵形至近圆形, 3~7深裂, 裂片线状披针形, 叶基心形, 上表面深绿色, 疏被短硬毛, 背面淡绿色, 无毛, 密具颗粒状突起; 花雌雄异株。雄花顶端具5~10花; 花冠白色, 裂片倒卵形。雌花单生。果实球形或椭圆形, 成熟时橙黄色。种子卵状椭圆形, 褐色。

物候期: 花期6~8月, 果期8~10月。

生境: 生于山谷密林中、山坡灌丛中及草丛中。

分布: 分布于保护区海拔400~1850m。

205

桔梗科（Campanulaceae）　　　　　　　　　　　　　　　　沙参属(*Adenophora*)

细叶沙参　*Adenophora capillaris* subsp. *paniculata*

形态特征： 茎高大，无毛或被长硬毛，绿色或紫色；茎生叶条形至卵状椭圆形，全缘或有锯齿，有时上面疏生短硬毛，下面疏生长毛。花序常为圆锥花序；花萼无毛，筒部球状，少为卵状矩圆形，裂片细长如发，全缘；花冠细小，近于筒状，浅蓝色、淡紫色或白色，5浅裂，裂片反卷。蒴果卵状至卵状矩圆形。种子椭圆状，棕黄色。

物候期： 花期6~9月，果期8~10月。

生境： 生于山坡草地。

分布： 分布于保护区海拔1100~2800m。

桔梗科 (Campanulaceae)

党参属(*Codonopsis*)

羊乳　*Codonopsis lanceolata*

形态特征: 植株全体光滑无毛; 茎基近圆锥状或圆柱状, 根常肥大呈纺锤状, 表面灰黄色; 茎缠绕, 黄绿而微带紫色; 叶在主茎上互生, 披针形或菱状窄卵形; 在小枝顶端近对生或轮生状, 菱状卵形、窄卵形或椭圆形; 花冠宽钟状, 浅裂, 裂片三角状, 反卷, 黄绿或乳白色内有紫色斑; 蒴果下部半球状, 上部有喙; 种子卵圆形, 有翼。

物候期: 花果期7~8月。

生境: 生于山地灌木林下沟边阴湿地区或阔叶林内。

分布: 分布于保护区海拔650~1800m。

桔梗科（Campanulaceae）   党参属(*Codonopsis*)

党参 *Codonopsis pilosula*

形态特征：茎基具多数瘤状茎痕，根常肥大呈纺锤状或纺锤状圆柱形，表面灰黄色，肉质。茎缠绕，侧枝具叶，不育或先端着花，黄绿色或黄白色，无毛。叶在主茎及侧枝上互生，在小枝上近于对生，叶片卵形或狭卵形。花冠上位，阔钟状，黄绿色，内面有明显紫斑，浅裂；蒴果下部半球状，上部短圆锥状。种子多数，卵形，棕黄色，光滑无毛。

物候期：花果期7~10月。

生境：生于山地林下或林缘，溪谷湿地或路旁。

分布：分布于保护区海拔700~2000m。

桔梗科 (Campanulaceae)　　　　　　　　　　　　轮钟草属 (*Cyclocodon*)

轮钟草　*Cyclocodon lancifolius*

形态特征: 直立或蔓性草本,通常全部无毛。茎中空,平展或下垂。叶对生,偶有3枚轮生的,具短柄,叶片卵形、卵状披针形至披针形,边缘具细尖齿、锯齿或圆齿。花通常单朵顶生兼腋生。花萼仅贴生至子房下部,裂片相互间远离,丝状或条形;花冠白色或淡红色,管状钟形;浆果球状,熟时紫黑色。种子极多数,呈多角体。

物候期: 花期7~10月。

生境: 生于林中、灌丛中或草地中。

分布: 分布于保护区海拔240~1500m。

菊科（Asteraceae）   蒿属（*Artemisia*）

白苞蒿　*Artemisia lactiflora*

形态特征：多年生草本；主根明显，侧根细而长；根状茎短，茎通常单生，直立，绿褐色或深褐色，纵棱稍明显；茎、枝初时微有稀疏、白色的蛛丝状柔毛，后脱落无毛。叶薄纸质或纸质，上面初时有短柔毛，背面初时微有稀疏短柔毛，后脱落无毛。头状花序长圆形，无梗，基部无小苞叶；瘦果倒卵形或倒卵状长圆形。

物候期：花果期8~11月。

生境：生于林下、林缘、灌丛边缘、山谷等湿润或略为干燥地区。

分布：分布于保护区海拔2800~3000m。

菊科 (Asteraceae)   飞廉属 (*Carduus*)

飞廉 *Carduus nutans*

形态特征: 二年生或多年生草本; 茎单生或少数茎成簇生, 通常多分枝, 全部茎枝有条棱, 被密厚的蛛丝状绵毛。全部茎叶两面同色, 两面沿脉被多细胞长节毛, 但上面的毛稀疏, 或两面兼被稀疏蛛丝毛。头状花序通常下垂或下倾, 单生茎顶或长分枝的顶端。总苞钟状或宽钟状; 瘦果灰黄色, 楔形, 稍压扁。

物候期: 花果期6~10月。

生境: 生于山谷、田边或草地。

分布: 分布于保护区海拔540~2300m。

菊科 (Asteraceae) 天名精属 (*Carpesium*)

小花金挖耳 *Carpesium minus*

形态特征: 多年生草本；茎基部常带紫褐毛，密被卷曲柔毛，有腺点；茎下部叶椭圆形或椭圆状披针形，上面深绿色，下面淡绿色，几无毛或叶脉有疏柔毛，两面有腺点；上部叶披针形或线状披针形，近全缘，具短柄；叶椭圆形至线状披针形，沿茎向上渐狭；头状花序单生，总苞钟状，卵形至线状披针形。

生境: 生于山坡草丛中及水沟边。

分布: 分布于保护区海拔800~1000m。

菊科（Asteraceae）   蓟属（*Cirsium*）

马刺蓟　*Cirsium monocephalum*

形态特征： 多年生草本；茎直立，上部分枝，全部茎枝有条棱，被稀疏的蛛丝毛及多细胞长节毛。头状花序在茎枝顶端排成伞房状花序或圆锥状花序或圆锥状伞房花序。总苞宽钟状至半球形，被稀疏的蛛丝毛。小花白色或淡黄色，极少有紫红色的。瘦果褐色，楔状倒长卵形。

物候期： 花果期7~10月。

生境： 生于山谷或山坡林缘、林下或灌丛中或荒地、农田或潮湿地。

分布： 分布于保护区海拔1300~2000 m。

菊科 (Asteraceae)   橐吾属 (*Ligularia*)

窄头橐吾 *Ligularia stenocephala*

形态特征： 多年生草本；根肉质，细而长；茎直立，光滑。丛生叶与茎下部叶具柄，光滑，基部具窄鞘；叶片心状戟形、肾状戟形或罕为箭形，边缘有整齐的尖锯齿，叶脉掌状；总状花序近光滑；头状花序多数，辐射状；舌状花黄色，舌片线状长圆形或倒披针形；管状花冠毛白色、黄白色，有时为褐色。瘦果倒披针形，光滑。

物候期： 花果期7~12月。

生境： 生于山坡、水边、林中及岩石下。

分布： 分布于保护区海拔850~2850m。

菊科 (Asteraceae)   橐吾属 (*Ligularia*)

离舌橐吾 *Ligularia veitchiana*

形态特征: 多年生草本;茎上部被白色蛛丝状柔毛和黄褐色柔毛;丛生叶与茎下部叶三角状或卵状心形,边缘具尖齿,两面光滑或下面脉被白色毛,叶脉掌状,叶柄基部具鞘;头状花序,辐射状;苞片宽卵形或卵状披针形,边缘有齿或全缘,近膜质;总苞钟形或筒状钟形;舌状花6~10,黄色,舌片窄倒披针形;管状花多数,黄色,冠毛黄白色。

物候期: 花期7~9月。

生境: 生于河边、山坡及林下。

分布: 分布于保护区海拔1400~2900 m。

离舌橐吾

菊科（Asteraceae）   蜂斗菜属（*Petasites*）

毛裂蜂斗菜 *Petasites tricholobus*

形态特征：多年生草本；根状茎短，有多数纤维状根，全株被薄蛛丝状白色绵毛。苞叶卵状披针形，基生叶具长柄，叶片宽肾状心形，边缘有细齿，叶脉掌状，两面被白色绵毛，或后多少脱毛；总苞钟状；总苞片1层，披针形或披针状长圆形，外面有小苞片；雌花花冠顶端4~5撕裂，丝状或钻形；瘦果圆柱形，无毛。

生境：生于山谷路旁或水旁。

分布：分布于保护区海拔2800~3000m。

菊科（Asteraceae）　　　　　　　　　　　　　　　　风毛菊属（*Saussurea*）

心叶风毛菊　*Saussurea cordifolia*

形态特征： 多年生草本；根状茎粗厚；茎直立，无毛。叶片心形，边缘有粗齿；花序枝叉上的叶更小，披针形或长椭圆形，全部叶两面绿色，下面色淡，上面被稀疏的糙毛，下面无毛。头状花序数个或多数在茎枝顶端成疏松伞房花序或伞房圆锥花序状排列，有长花梗。总苞钟状；小花紫红色。瘦果圆柱状，褐色，无毛。

物候期： 花果期8~10月。

生境： 生于林缘、山谷、山坡、灌木林中及石崖下。

分布： 分布于保护区海拔2800~3000m。

菊科 (Asteraceae) 风毛菊属 (*Saussurea*)

杨叶风毛菊 *Saussurea populifolia*

形态特征: 多年生草本; 根状茎细, 斜升。茎直立, 单生。基生叶花期枯萎; 叶片心形或卵状心形, 边缘有锯齿, 两面绿色, 下面色淡, 上面密被糙毛, 下面几无毛; 头状花序单生茎端或茎生2个头状花序。总苞宽钟状; 总苞片带紫色, 被短微毛, 外层卵形, 中层长圆形, 内层线形。小花紫色。瘦果圆柱形, 褐色, 有棱, 无毛。

物候期: 花果期7~10月。

生境: 生于山坡草地、沼泽地。

分布: 分布于保护区海拔1700~3000 m。

菊科（Asteraceae）　　　　　　　　　　　　　　豨莶属（*Sigesbeckia*）

腺梗豨莶　*Sigesbeckia pubescens*

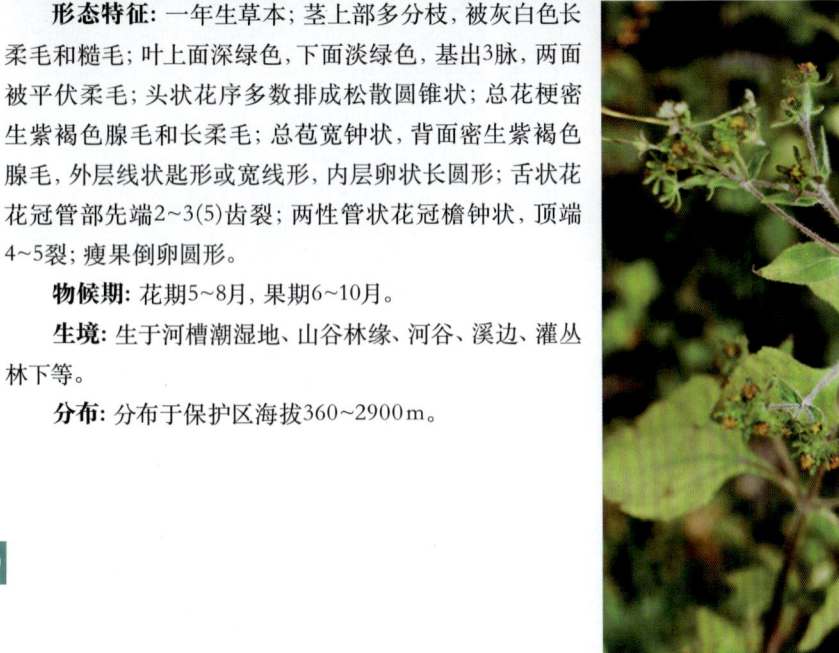

形态特征： 一年生草本；茎上部多分枝，被灰白色长柔毛和糙毛；叶上面深绿色，下面淡绿色，基出3脉，两面被平伏柔毛；头状花序多数排成松散圆锥状；总花梗密生紫褐色腺毛和长柔毛；总苞宽钟状，背面密生紫褐色腺毛，外层线状匙形或宽线形，内层卵状长圆形；舌状花花冠管部先端2~3(5)齿裂；两性管状花冠檐钟状，顶端4~5裂；瘦果倒卵圆形。

　　物候期： 花期5~8月，果期6~10月。

　　生境： 生于河槽潮湿地、山谷林缘、河谷、溪边、灌丛林下等。

　　分布： 分布于保护区海拔360~2900 m。

菊科 (Asteraceae) 　　　　　　　　　　　蒲儿根属 (*Sinosenecio*)

蒲儿根 *Sinosenecio oldhamianus*

形态特征: 多年生或二年生茎叶草本；根状茎木质，茎单生或数个，直立，基部不分枝，被白色蛛丝状毛及疏长柔毛，或多少脱毛至近无毛。叶片卵状圆形或近圆形，边缘具浅至深重齿或重锯齿，最上部叶卵形或卵状披针形。头状花序多数排列成顶生复伞房状花序；总苞宽钟状，苞片紫色，草质；舌状花黄色，长圆形；管状花花冠黄色。

　　物候期: 花期1~12月。

　　生境: 生于林缘、溪边、潮湿岩石边及草坡、田边。

　　分布: 分布于保护区海拔360~2100m。

221

菊科 (Asteraceae)　　　　　　　　　　　　　　　　　蒲儿根属 (*Sinosenecio*)

鄂西蒲儿根　*Sinosenecio palmatisectus*

形态特征： 茎直立，单生，基部茎不分枝，幼时被疏柔毛，后变无毛；叶片轮廓肾形，7~9掌状中裂，基部宽心形或近截形，近膜质，上部绿色，下面较淡，两面初时被疏柔毛，或无毛，具5~7条掌状脉；裂片长圆状披针形，具小尖；叶柄或多或少无毛，基部稍扩大。

物候期： 花期4月。

生境： 生于林中潮湿处。

分布： 分布于保护区海拔240~1200 m。

6

被子植物单子叶植物

禾本科（Poaceae）

牡竹属（*Dendrocalamus*）

黄竹 *Dendrocalamus membranaceus*

形态特征： 秆高 8~15(~23) m，直径 7~10 cm，梢端略下垂，节间长 34~45 cm，幼时被白粉；小枝具 3~6 叶；叶鞘背面无毛，叶耳镰状，具数条紫色缝毛，叶舌高约 1 mm，波状浅裂；叶片披针形，质薄，两面均被柔毛，侧脉 4~7 对。

生境： 生于低山与河谷地区。

分布： 分布于保护区海拔 240~1000 m。

禾本科 (Poaceae) 　　　　　　　　　　　　**箭竹属** *(Fargesia)*

箭竹　*EFargesia spathacea*

形态特征：秆柄长 7~13 cm，直径 7~20 mm。秆丛生或近散生；直立；节间长 15~18 (24) cm，秆基部节间长 3~5 cm，圆筒形，幼时无白粉或微被白粉，无毛，纵向细肋不发达，秆壁厚 2~3.5 mm，髓呈锯屑状；箨环隆起，幼时有灰白色短刺毛；秆环平坦或微隆起；箨鞘宿存或迟落，革质，长圆状三角形；叶耳微小，紫色；叶舌略呈圆拱形或截形，无毛；颖果椭圆形，浅褐色，无毛。

物候期：笋期 5 月，花期 4 月，果期 5 月。

生境：生于林下或荒坡地。

分布：分布于保护区海拔 1300~2400 m。

禾本科 (Poaceae)　　　　　　　　　　　　棒头草属 (*Polypogon*)

棒头草　*Polypogon fugax*

形态特征: 一年生; 秆丛生, 基部膝曲。叶鞘光滑无毛, 大都短于或下部者长于节间; 叶舌膜质, 长圆形, 常2裂或顶端具不整齐的裂齿; 叶片扁平, 微粗糙或下面光滑。圆锥花序穗状, 长圆形或卵形, 有间断, 小穗灰绿或带紫色, 颖长圆形, 先端2浅裂, 芒微粗糙; 内稃近等长于外稃; 颖果椭圆形, 1面扁平。

物候期: 花果期4~9月。

生境: 生于山坡、田边、潮湿处。

分布: 分布于保护区海拔300~3000m。

天南星科（Araceae）　　　　　　　　　　　　　　天南星属（*Arisaema*）

灯台莲　*Arisaema bockii*

形态特征： 块茎扁球形，鳞叶2，内面披针形，膜质。叶2，叶柄下面1/2鞘筒状；叶片鸟足状5裂，裂片卵形、卵状长圆形或长圆形，全缘；花序柄略短于叶柄或几与叶柄等长。佛焰苞淡绿色至暗紫色，具淡紫色条纹，管部漏斗状，喉部边缘近截形，无耳；肉穗花序单性，雄花序圆柱形，花疏。雌花序近圆锥形，花密；种子卵圆形，光滑，具柄。

物候期： 花期5月，果8~9月成熟。

生境： 生于山坡林下或沟谷岩石上。

分布： 分布于保护区海拔650~1500 m。

天南星科（Araceae）

天南星属（*Arisaema*）

天南星 *Arisaema heterophyllum*

形态特征: 块茎扁球形,叶鸟足状分裂,倒披针形、长圆形或线状长圆形,全缘,暗绿色,下面淡绿色;叶柄圆柱形,粉绿色;佛焰苞管部圆柱形,粉绿色,喉部截形,外缘稍外卷,檐部卵形或卵状披针形,下弯近盔状,背面深绿、淡绿或淡黄色;肉穗花序两性和雄花序单性;浆果黄红色、红色,圆柱形;种子黄色,具红色斑点。

物候期: 花期4~5月,果期7~9月。

生境: 生于林下、灌丛或草地。

分布: 分布于保护区海拔240~2700m。

天南星科（Araceae） **天南星属（Arisaema）**

花南星 *Arisaema lobatum*

形态特征： 块茎近球形。鳞叶膜质，线状披针形，叶柄黄绿色，有紫色斑块，形如花蛇；叶片3全裂，长圆形或椭圆形；侧裂片无柄，极不对称，长圆形；花序柄与叶柄近等长，常较短。佛焰苞外面淡紫色，管部漏斗状，喉部无耳，斜截形；檐部披针形，狭渐尖，深紫色或绿色，下弯或垂立。肉穗花序单性，雄花花疏；雌花序圆柱形或近球形；雄花具短柄。

物候期： 花期4~7月，果期8~9月。

生境： 生于林下、草坡或荒地。

分布： 分布于保护区海拔500~2500m。

天南星科（Araceae） 半夏属（*Pinellia*）

半夏 *Pinellia ternata*

形态特征： 块茎圆球形，具须根。叶2~5枚，有时1枚。叶柄基部具鞘；幼苗叶片卵状心形至戟形，为全缘单叶；老株叶片3全裂，裂片绿色，背淡，长圆状椭圆形或披针形；侧裂片稍短；花序柄长于叶柄；佛焰苞绿色或绿白色，管部狭圆柱形；檐部长圆形，绿色，有时边缘青紫色，钝或锐尖。肉穗花序；浆果卵圆形，黄绿色。

物候期： 花期5~7月，果8月成熟。

生境： 常见于草坡、荒地、玉米地、田边或疏林下。

分布： 分布于保护区海拔240~2500 m。

菖蒲科（Acoraceae）　　　　　　　　　　　　　　　　　　　　菖蒲属（*Acorus*）

金钱蒲　*Acorus gramineus*

形态特征：多年生草本；根茎较短，横走或斜伸，芳香，外皮淡黄色；根肉质，多数；须根密集；根茎上部多分枝，呈丛生状。叶基对折，两侧膜质叶鞘棕色，上延至叶片中部以下，渐狭，脱落。叶片质地较厚，线形，绿色，极狭，先端长渐尖，无中肋，平行脉多数。叶状佛焰苞短，为肉穗花序长的1～2倍，稀比肉穗花序短，狭。

物候期：花期5～6月，果7～8月成熟。

生境：生于水旁湿地或石上。

分布：分布于保护区海拔240～1800 m。

鸭跖草科 (Commelinaceae)　　　　　　　　　　鸭跖草属 (*Commelina*)

鸭跖草　*Commelina communis*

形态特征: 一年生披散草本; 茎匍匐生根, 多分枝, 下部无毛, 上部被短毛。叶披针形至卵状披针形。总苞片佛焰苞状, 与叶对生, 折叠状, 展开后为心形, 边缘常有硬毛; 聚伞花序; 上面一枝具花3~4朵, 具短梗, 几乎不伸出佛焰苞。萼片膜质, 内面2枚常靠近或合生; 花瓣深蓝色; 蒴果椭圆形, 2室, 有种子4颗。种子棕黄色。

生境: 常见于湿地。

分布: 分布于保护区海拔400~2500 m。

鸭跖草科 (Commelinaceae)　　　　　　　　　　竹叶吉祥草属 (*Spatholirion*)

竹叶吉祥草　*Spatholirion longifolium*

形态特征：多年生缠绕草本，全体近无毛或被柔毛。根须状，数条，粗壮。茎长达3m。叶具柄；叶片披针形至卵状披针形，顶端渐尖。圆锥花序；总苞片卵圆形。花无梗；萼片草质；花瓣紫色或白色，略短于萼片。蒴果卵状三棱形，顶端有芒状突尖，每室有种子6~8颗。种子酱黑色。

物候期：花期6~8月，果期7~9月。

生境：生于山谷密林下，少在疏林或山谷草地中，多攀援于树干上。

分布：分布于保护区海拔240~2700m。

灯芯草科 (Juncaceae)　　　　　　　　　　　　　　　　　　　　灯芯草属 (*Juncus*)

野灯芯草 *Juncus setchuensis*

形态特征: 多年生草本; 根状茎短而横走, 具黄褐色稍粗的须根。茎丛生, 直立, 圆柱形, 有较深而明显的纵沟, 茎内充满白色髓心。叶全部为低出叶, 呈鞘状或鳞片状, 基部红褐色至棕褐色; 叶片退化为刺芒状。聚伞花序假侧生; 花淡绿色; 蒴果通常卵形, 成熟时黄褐色至棕褐色。种子斜倒卵形, 棕褐色。

物候期: 花期5~7月, 果期6~9月。

生境: 生于山沟、林下阴湿地、溪旁、道旁的浅水处。

分布: 分布于保护区海拔800~1700m。

百部科（Stemonaceae）   百部属（*Stemona*）

大百部 *Stemona tuberosa*

形态特征： 块根通常纺锤状。茎常具少数分枝，攀援状，下部木质化，分枝表面具纵槽。叶对生或轮生，卵状披针形、卵形或宽卵形，基部心形，边缘稍波状，纸质或薄革质；花单生或2~3朵排成总状花序，生于叶腋或偶尔贴生于叶柄上，苞片小，披针形；花被片黄绿色带紫色脉纹，内轮比外轮稍宽，具7~10脉；蒴果光滑，具多数种子。

物候期： 花期4~7月，果期（5~）7~8月。

生境： 生于山坡丛林下、溪边、路旁及山谷和阴湿岩石中。

分布： 分布于保护区海拔370~2240 m。

百合科 (Liliaceae)

大百合属 (*Cardiocrinum*)

大百合 *Cardiocrinum giganteum*

形态特征: 小鳞茎卵形,干时淡褐色。茎直立,中空,无毛。叶纸质,网状脉;基生叶卵状心形或近宽矩圆状心形,茎生叶卵状心形,叶柄向上渐小,靠近花序的几枚为船形。总状花序,无苞片;花狭喇叭形,白色,里面具淡紫红色条纹;蒴果近球形,红褐色,具6钝棱和多数细横纹,3瓣裂。种子呈扁钝三角形,红棕色。

物候期: 花期6~7月,果期9~10月。

生境: 生于林下草丛中。

分布: 分布于保护区海拔1450~2300 m。

百合科 (Liliaceae)   油点草属 (*Tricyrtiso*)

油点草 *Tricyrtis macropoda*

形态特征： 植株高可达1m。茎上部疏生或密生短的糙毛。叶卵状椭圆形、矩圆形至矩圆状披针形，两面疏生短糙伏毛。二歧聚伞花序顶生或生于上部叶腋，花序轴和花梗生有淡褐色短糙毛，并间生有细腺毛；花疏散；花被片绿白色或白色，内面具多数紫红色斑点，卵状椭圆形至披针形，开放后自中下部向下反折；蒴果直立。

物候期： 花果期6~10月。

生境： 生于山地林下、草丛中或岩石缝隙中。

分布： 分布于保护区海拔800~2400m。

百合科 (Liliaceae)　　　　　　　　　　　　　　　　油点草属 (*Tricyrtis*)

黄花油点草　*Tricyrtis pilosa*

形态特征: 多年生草本; 茎疏被硬毛; 叶卵状长圆形或长圆状披针形, 先端渐尖, 基部心形或圆形抱茎; 花黄绿色, 带紫棕色斑点; 花被片卵状长圆形或披针形, 成45°角或水平状伸展, 外轮3片稍宽, 基部囊状; 雄蕊近等长于花被片; 子房无毛; 蒴果直立。

物候期: 花果期7~9月。

生境: 生于山坡林下、路旁等处。

分布: 分布于保护区海拔280~2300m。

239

藜芦科 (Melanthiaceae)　　　　　　　　　　　　重楼属 (*Paris*)

禄劝花叶重楼　*Paris luquanensis*

形态特征：根状茎；叶4～6，倒卵形、菱形，上面深绿色，下面深紫色，两面叶脉及沿脉淡绿色，无叶柄；花梗淡绿或紫色，果期90°反折；花基数4～6；萼片卵状披针形或椭圆形，淡绿色，脉绿白色；花瓣丝状，黄色；蒴果成熟时深紫或绿色，棱不明显；种子近球形，外种皮多汁，红色。

物候期：花期3～6月，果期10月。

分布：分布于保护区海拔800～2000m。

藜芦科 (Melanthiaceae)   重楼属 (Paris)

毛重楼 *Paris mairei*

形态特征: 植株高可达1 m, 全株被有短柔毛; 根状茎。叶5~10枚, 披针形、倒披针形或椭圆形, 先端渐尖, 基部宽楔形或近圆形, 叶背面有短柔毛, 具短柄。萼片绿色, 披针形、卵状披针形; 花瓣丝状线形, 黄绿色; 蒴果成熟时紫色, 近球形, 有棱, 开裂; 种子近球形, 外种皮红色, 多汁。

物候期: 花期5~7月, 果期8~9月。

生境: 生于高山草丛或林下。

分布: 分布于保护区海拔2500~3000 m。

藜芦科 (Melanthiaceae)　　　　　　　　　　　　　　　　　　重楼属 (*Paris*)

华重楼　*Paris polyphylla* var. *chinensis*

形态特征：叶5~8枚，轮生，通常7枚，倒卵状披针形、矩圆状披针形或倒披针形，基部通常楔形。内轮花被片狭条形，通常中部以上变宽，长为外轮的1/3至近等长或稍超过。

物候期：花期5~7月，果期8~10月。

生境：生于林下荫处或沟谷边的草丛中。

分布：分布于保护区海拔600~2000m。

藜芦科 (Melanthiaceae)　　　　　　　　　　　　　　　重楼属 (*Paris*)

宽叶重楼 *Paris polyphylla* var. *latifolia*

形态特征: 根状茎; 叶较宽, 通常为倒卵状披针形或宽披针形, 萼片绿色, 披针形, 花瓣线形, 有时具短爪, 黄绿色, 有时基部黄绿色, 上部紫色; 子房紫色, 具棱或翅, 顶端具一盘状花柱基, 花柱粗短, 柱头紫色; 幼果外面有疣状突起, 成熟后更为明显, 蒴果近球形, 绿色, 不规则开裂; 种子多数, 卵圆形, 外种皮鲜红色。

物候期: 花期5月, 果期7~9月。

生境: 生于山坡林下。

分布: 分布于保护区海拔1000~2300 m。

藜芦科（Melanthiaceae）　　　　　　　　　　　　　　　　重楼属（*Paris*）

狭叶重楼　*Paris polyphylla* var. *stenophylla*

形态特征： 叶8~13（~22）枚轮生，披针形、倒披针形或条状披针形，有时略微弯曲呈镰刀状，先端渐尖，基部楔形，具短叶柄。花基数4~7，雄蕊2轮，花瓣丝状，比萼片长；外轮花被片叶状，5~7枚，狭披针形或卵状披针形，先端渐尖头，基部渐狭成短柄；内轮花被片狭条形，远比外轮花被片长。

物候期： 花期6~8月，果期9~10月。

生境： 生于林下或草丛阴湿处。

分布： 分布于保护区海拔1000~2700 m。

藜芦科（Melanthiaceae）   藜芦属（*Veratrum*）

毛叶藜芦 *Veratrum grandiflorum*

形态特征：植株高大，基部具无网眼的纤维束。叶宽椭圆形至矩圆状披针形，无柄，基部抱茎，背面密生褐色或淡灰色短柔毛。圆锥花序塔状，侧生总状花序直立或斜升，顶生总状花序较侧生的长约一倍；花大，密集，绿白色；花被片宽矩圆形或椭圆形，边缘具啮蚀状牙齿；蒴果直立。

物候期：花果期7~8月。

生境：生于山坡林下或湿生草丛中。

分布：分布于保护区海拔2600~3000 m。

阿福花科（Asphodelaceae）　　　　　　　　　　　萱草属（Hemerocallis）

萱草 *Hemerocallis fulva*

形态特征： 多年生草本；根近肉质，中下部常呈纺锤状；叶条形；花葶粗壮；圆锥花序，具6~12朵花或更多，苞片卵状披针形；根近肉质，中下部有纺锤状膨大；叶一般较宽；花早上开，晚上凋谢，无香味，桔红色至桔黄色，内花被裂片下部一般有彩斑；蒴果长圆形。

物候期： 花果期5~7月。

分布： 分布于保护区海拔300~2000 m。

天门冬科（Asparagaceae）　　　　　　天门冬属（*Asparagus*）

羊齿天门冬　*Asparagus filicinus*

形态特征: 直立草本。根成簇,从基部开始或在距基部几厘米处成纺锤状膨大,膨大部分长短不一。茎近平滑,分枝通常有棱,有时稍具软骨质齿。叶状枝每5~8枚成簇,扁平,镰刀状,有中脉;鳞片状叶基部无刺。花每1~2朵腋生,淡绿色,有时稍带紫色;花梗纤细,关节位于近中部,雌花和雄花近等大或略小。

物候期: 花期5~7月,果期8~9月。

生境: 生于丛林下或山谷阴湿处。

分布: 分布于保护区海拔1200~3000 m。

天门冬科 (Asparagaceae)   吉祥草属 (*Reineckea*)

吉祥草　　*Reineckea carnea*

形态特征： 茎粗 2~3mm，蔓延于地面，逐年向前延长或发出新枝，每节上有一残存的叶鞘，顶端的叶簇由于茎的连续生长，有时似长在茎的中部，叶每簇有 3~8 枚，条形至披针形，先端渐尖，向下渐狭成柄，深绿色。花芳香，粉红色；裂片矩圆形，先端钝，稍肉质；雄蕊短于花柱，花丝丝状，花药近矩圆形，两端微凹。浆果熟时鲜红色。

物候期： 花果期 7~11 月。

生境： 生于阴湿山坡、山谷或密林下。

分布： 分布于保护区海拔 270~2200m。

菝葜科 (Smilacaceae) 菝葜属 (*Smilax*)

牛尾菜 *Smilax riparia*

形态特征： 多年生草质藤本，茎长 1~2m，中空，有少量髓，干后凹瘪并具槽。叶比上种厚，形状变化较大，下面绿色，无毛；叶柄长 7~20mm，通常在中部以下有卷须。伞形花序总花梗较纤细；小苞片长 1~2mm，在花期一般不落；雌花比雄花略小，不具或具钻形退化雄蕊。浆果直径 7~9mm。

物候期： 花期 6~7 月，果期 10 月。

生境： 生于林下、灌丛、山沟或山坡草丛中。

分布： 分布于保护区海拔 300~1600m。

石蒜科 （Amaryllidaceae）　　　　　　　　　　　　　　　　　　石蒜属 （*Lycoris*）

忽地笑 *Lycoris aurea*

形态特征： 多年生草本；鳞茎卵形；秋季出叶，叶剑形，向基部渐狭，顶端渐尖，中间淡色带明显。总苞片 2 枚，披针形；伞形花序，有花 4~8 朵；花黄色；花被裂片背面具淡绿色中肋，倒披针形，强度反卷和皱缩；雄蕊略伸出花被外，花丝黄色；花柱上部玫瑰红色。蒴果具 3 棱，室背开裂；种子少数，近球形，黑色。

物候期： 花期 8~9 月，果期 10 月。

生境： 生于阴湿山坡。

分布： 分布于保护区海拔 350~1300 m。

秋水仙科（Colchicaceae）　　　　　　　　　　万寿竹属（*Disporum*）

万寿竹　*Disporum cantoniense*

　　形态特征： 根状茎横出，质地硬，呈结节状；根粗长，肉质。茎上部有较多的叉状分枝。叶纸质，披针形至狭椭圆状披针形，有明显的 3~7 脉，下面脉上和边缘有乳头状突起，叶柄短。伞形花序，有花 3~10 朵，着生于与上部叶对生的短枝顶端；花梗稍粗糙；花紫色；花被片斜出，倒披针形，边缘有乳头状突起；种子暗棕色。

　　物候期： 花期 5~7 月，果期 8~10 月。

　　生境： 生于灌丛中或林下。

　　分布： 分布于保护区海拔 700~3000 m。

薯蓣科（Dioscoreaceae）   薯蓣属（*Dioscorea*）

高山薯蓣　*Dioscorea delavayi*

形态特征：缠绕草质藤本；块茎长圆柱形，茎有短柔毛，后变疏至近无毛。掌状复叶有3~5小叶；叶片倒卵形、宽椭圆形至长椭圆形，全缘，两面疏生贴伏柔毛。雄花序为总状花序，单一或分枝，1至数个着生于叶腋；小苞片2，宽卵形，顶端渐尖或凸尖，边缘不整齐；雄花花被外面无毛。雌花花序穗状。蒴果三棱状倒卵长圆形或三棱状长圆形，外面疏生柔毛；种子着生于每室中轴顶部，种翅向蒴果基部延伸。

物候期：花期6~8月，果期8~11月。

生境：生于林边、山坡路旁或次生灌丛中。

分布：分布于保护区海拔1800~3000 m。

沼金花科 (Nartheciaceae)　　　　　　　　　　　肺筋草属 (*Aletris*)

狭瓣粉条儿菜　*Aletris stenoloba*

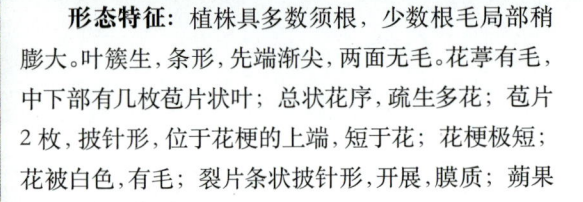

形态特征：植株具多数须根，少数根毛局部稍膨大。叶簇生，条形，先端渐尖，两面无毛。花葶有毛，中下部有几枚苞片状叶；总状花序，疏生多花；苞片2枚，披针形，位于花梗的上端，短于花；花梗极短；花被白色，有毛；裂片条状披针形，开展，膜质；蒴果卵形，无棱角，有毛。

物候期：花果期 5~7 月。

生境：生在林边草坡上、山坡林下或路边。

分布：分布于保护区海拔 300~3000 m。

鸢尾科 (Iridaceae)   鸢尾属 (*Iris*)

蝴蝶花 *Iris japonica*

形态特征： 多年生草本；根状茎可分为较粗的直立根状茎和纤细的横走根状茎，具多数较短的节间，棕褐色，横走的根状茎节间长，黄白色；叶基生，暗绿色，有光泽，近地面处带红紫色，剑形。花茎直立，高于叶片，顶生稀疏总状聚伞花序；苞片叶状，宽披针形或卵圆形，花淡蓝色或蓝紫色；蒴果椭圆状柱形，无喙，6 条纵肋明显；种子黑褐色。

物候期： 花期 3~4 月，果期 5~6 月。

生境： 生于山坡较阴蔽而湿润的草地、疏林下或林缘草地。

分布： 分布于保护区海拔 1200~3500 m。

兰科 (Orchidaceae)　　　　　　　　　　无柱兰属 (*Amitostigma*)

无柱兰　*Amitostigma gracile*

形态特征: 块茎卵形或长圆状椭圆形;茎近基部具1叶,其上具1~2小叶;叶窄长圆形、椭圆状长圆形或卵状披针形;花序具5至20余朵、偏向一侧的花;花粉红或紫红色;中萼片卵形,侧萼片斜卵形或倒卵形;花瓣斜椭圆形或斜卵形;唇瓣较萼片和花瓣大,倒卵形,基部楔形,具距;距圆筒状,几呈直伸状,下垂。

物候期: 花期6~7月,果期9~10月。

生境: 生于山坡沟谷边或林下阴湿处覆有土的岩石上或山坡灌丛下。

分布: 分布于保护区海拔280~2300m。

兰科 (Orchidaceae)　　　　　　　　　　　　　　　　　　　白及属 (*Bletilla*)

黄花白及　*Bletilla ochracea*

形态特征: 假鳞茎扁斜卵形; 茎常具4枚叶; 叶长圆状披针形, 花序具3~8朵花; 花黄色或萼片和花瓣外面黄绿色, 内面黄白色, 稀近白色; 苞片长圆状披针形, 花时凋落; 萼片和花瓣近等长, 长圆形, 外面常具细紫点, 唇瓣白或淡黄色, 椭圆形, 在中部以上3裂, 侧裂片斜长圆形, 直立, 合抱蕊柱, 先端钝, 几不伸至中裂片。

物候期: 花期6~7月。

生境: 生于常绿阔叶林、针叶林或灌丛下、草丛中或沟边。

分布: 分布于保护区海拔300~2350 m。

兰科 (Orchidaceae)　　　　　　　　　　白及属 (*Bletilla*)

白及　*Bletilla striata*

形态特征: 假鳞茎扁球形,上面具荸荠似的环带,富黏性。茎粗壮;叶4~6枚,狭长圆形或披针形,基部收狭成鞘并抱茎。花序具3~10朵花,常不分枝或极罕分枝;花序轴或多或少呈"之"字状曲折;花苞片长圆状披针形,开花时常凋落;花大,紫红色或粉红色;萼片狭长圆形;花瓣较萼片稍宽;唇瓣倒卵状椭圆形,白色带紫红色,具紫色脉。

物候期: 花期4~5月。

生境: 生于常绿阔叶林下,栋树林或针叶林下、路边草丛或岩石缝中。

分布: 分布于保护区海拔300~3000m。

兰科 (Orchidaceae)   石豆兰属 (*Bulbophyllum*)

广东石豆兰 *Bulbophyllum kwangtungense*

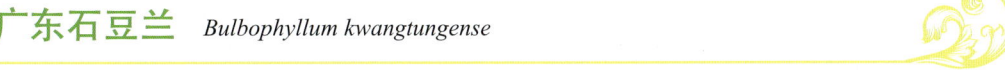

形态特征： 根状茎直径约2mm，假鳞茎疏生，直立，圆柱形，顶生1叶；叶长圆形，先端稍凹缺；几无柄；花白或淡黄色；萼片离生，披针形，中部以上两侧内卷，侧萼片比中萼片稍长，萼囊不明显；花瓣窄卵状披针形，全缘，唇瓣肉质，披针形，上面具2~3条小脊突，在中部以上合成1条较粗的脊。

物候期： 花期5~8月。

生境： 生于山坡林下岩石上。

分布： 分布于保护区海拔700~900m。

兰科 (Orchidaceae)　　　　　　　　　　石豆兰属 (*Bulbophyllum*)

毛药卷瓣兰 *Bulbophyllum omerandrum*

形态特征: 根状茎匍匐,假鳞茎卵状球形,顶生1叶;叶厚革质,长圆形,先端钝并且稍凹入,基部楔形,具短柄或无柄,边缘下弯,在上面中肋下陷。花葶从假鳞茎基部抽出,直立,伞形花序;花苞片卵形、舟状;花黄色;花瓣卵状三角形,先端紫褐色、钝并且具细尖,中部以上边缘具流苏,近先端处尤甚,具3条脉;唇瓣肉质,舌形。

物候期: 花期3~4月。

生境: 生于山地林中树干上或沟谷岩石上。

分布: 分布于保护区海拔1000~1850m。

兰科（Orchidaceae）　　　　　　　　　　　　　虾脊兰属（*Calanthe*）

剑叶虾脊兰　*Calanthe davidii*

形态特征： 植株聚生；假鳞茎短小，被鞘和叶基所包；花期叶全放，剑形或带状，两面无毛；花莛远高出叶外，密被短毛；花序密生多花；苞片宿存，反折，窄披针形，背面被毛；花黄绿、白或有时带紫色，萼片和花瓣反折；萼片近椭圆形；花瓣窄长圆状倒披针形，具爪，无毛，唇瓣宽三角形，3裂，唇盘具3条鸡冠状褶片；距圆筒形，镰状弯曲，被毛。

物候期： 花期6~7月，果期9~10月。

生境： 生于山谷、溪边或林下。

分布： 分布于保护区海拔500~3000m。

兰科 (Orchidaceae)　　　　　　　　　　　　　虾脊兰属 (*Calanthe*)

钩距虾脊兰　*Calanthe graciliflora*

形态特征: 根状茎不明显；假鳞茎短，近卵球形；具3～4枚鞘及3～4枚叶，假茎长5～18cm。叶在花期尚未完全展开，椭圆形或椭圆状披针形；花葶出自假茎上端的叶丛间，花序柄常具1枚鳞片状的鞘；总状花序疏生多花，无毛；花梗白色，萼片和花瓣背面褐色，内面淡黄色；唇瓣浅白色，3裂；唇盘上具4个褐色斑点和3条平行的龙骨状脊；花粉团棒状。

物候期: 花期3～4月，果期4～5月。

生境: 生于山地林中树干上或沟谷岩石上。

分布: 分布于保护区海拔1000～1850m。

兰科 (Orchidaceae)　　　　　　　　　　　虾脊兰属 (*Calanthe*)

三棱虾脊兰　*Calanthe tricarinata*

形态特征： 根状茎不明显；叶纸质，花期尚未展开，椭圆形或倒卵状披针形，下面密被短毛，边缘波状；花葶从叶间抽出，被短毛；花序疏生少数至多数花；苞片宿存，卵状披针形，无毛；花梗和子房被短毛；花开展，质薄，萼片和花瓣淡黄色；花瓣倒卵状椭圆形，无毛，唇瓣红褐色，唇盘具3~5条鸡冠状褶片，无距。

物候期： 花期5~6月。

生境： 生于山坡草地上或混交林下。

分布： 分布于保护区海拔1600~3005m。

兰科 (Orchidaceae)   虾脊兰属 (*Calanthe*)

峨边虾脊兰 *Calanthe yuana*

形态特征: 假鳞茎聚生, 圆锥形, 具3鞘和4叶; 花期叶未展开, 椭圆形, 先端渐尖, 下面被毛; 花葶高出叶外, 密被毛; 苞片宿存, 披针形, 无毛; 花黄白色; 中萼片椭圆形, 无毛, 侧萼片椭圆形, 先端具短尖, 无毛; 花瓣斜舌形, 先端具短尖, 具短爪, 唇瓣圆状菱形, 与蕊柱翅合生, 3裂, 侧裂片镰刀状长圆形, 中裂片倒卵形, 唇盘无褶片和脊突。

物候期: 花期5月。

生境: 生于常绿阔叶林下。

分布: 分布于保护区海拔250~1800m。

兰科 (Orchidaceae)　　　　　　　　　　　头蕊兰属 (*Cephalanthera*)

银兰　*Cephalanthera erecta*

形态特征：地生草本；茎纤细，具2~5叶；叶椭圆形或卵状披针形，背面平滑；花序轴有棱；花苞片通常较小，狭三角形至披针形；花白色；萼片长圆状椭圆形，先端急尖或钝，具5脉；花瓣与萼片相似，但稍短；唇瓣3裂，基部有距；侧裂片卵状三角形或披针形，中裂片近心形或宽卵形；距圆锥形，末端稍锐尖；蒴果窄椭圆形或宽圆筒形。

物候期：花期4~6月，果期8~9月。

生境：生于林下、灌丛中或沟边土层厚且有一定阳光处。

分布：分布于保护区海拔850~2300 m。

兰科 (Orchidaceae)

头蕊兰属 (*Cephalanthera*)

金兰 *Cephalanthera falcata*

形态特征：地生草本；茎直立；叶4~7 枚；叶片椭圆形、椭圆状披针形或卵状披针形，基部收狭并抱茎；总状花序通常有5~10 朵花；花苞片很小，最下面的 1 枚非叶状；花黄色，直立，稍微张开；萼片菱状椭圆形，具 5 脉；花瓣与萼片相似，但较短；唇瓣 3 裂，基部有距；侧裂片三角形，中裂片近扁圆形；距圆锥形；蒴果狭椭圆状。

物候期：花期 4~5 月，果期 8~9 月。

生境：生于林下、灌丛中、草地上或沟谷旁。

分布：分布于保护区海拔 700~1600 m。

金兰

兰科 (Orchidaceae)　　　　　　　　　　独花兰属 (*Changnienia*)

独花兰 *Changnienia amoena*

形态特征：假鳞茎近椭圆形或宽卵球形，肉质，近淡黄白色，有2节，被膜质鞘。叶1枚，宽卵状椭圆形至宽椭圆形，背面紫红色；花葶紫色，具2枚鞘；花大，白色而带肉红色或淡紫色晕，唇瓣有紫红色斑点；萼片长圆状披针形，有5~7脉；花瓣狭倒卵状披针形，具7脉；唇瓣略短于花瓣，3裂，基部有距，距角状，稍弯曲。

物候期：花期4月。

生境：生于疏林下腐殖质丰富的土壤上或沿山谷荫蔽的地方。

分布：分布于保护区海拔400~1800m。

兰科（Orchidaceae）

杜鹃兰属（*Cremastra*）

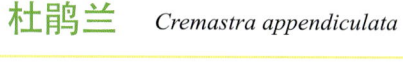

杜鹃兰　*Cremastra appendiculata*

形态特征： 假鳞茎卵球形或近球形，密接，有关节。叶通常1枚，狭椭圆形、近椭圆形或倒披针状狭椭圆形；花葶从假鳞茎上部节上发出，近直立；花苞片披针形至卵状披针形；花不完全开放，有香气，狭钟形，淡紫褐色；萼片倒披针形；花瓣倒披针形或狭披针形，向基部收狭成狭线形；唇瓣与花瓣近等长，线形；蒴果近椭圆形，下垂。

物候期： 花期5~6月，果期9~12月。

生境： 生于林下湿地或沟边湿地上。

分布： 分布于保护区海拔500~2900m。

兰科 (Orchidaceae)   兰属 (*Cymbidium*)

建兰 *Cymbidium ensifolium*

形态特征： 假鳞茎卵球形，包藏于叶基之内；叶带形，有光泽，前部边缘有时有细齿；花葶从假鳞茎基部发出，直立；总状花序具3~9 (~13)朵花；花常有香气，色泽变化较大，通常为浅黄绿色而具紫斑；萼片近狭长圆形或狭椭圆形；花瓣狭椭圆形或狭卵状椭圆形，近平展；唇瓣近卵形，略3裂；蒴果狭椭圆形。

物候期： 花期通常为6~10月。

生境： 生于疏林下、灌丛中、山谷旁或草丛中。

分布： 分布于保护区海拔600~1800 m。

兰科 (Orchidaceae)　　　　　　　　　　　　　　　兰属 (*Cymbidium*)

蕙兰　*Cymbidium faberi*

形态特征: 假鳞茎不明显。叶5~8枚，带形，直立性强，基部常对折而呈V形，叶脉透亮，边缘常有粗锯齿。花葶近直立或稍外弯，被多枚长鞘；总状花序具5~11朵或更多的花；花苞片线状披针形；花常为浅黄绿色，唇瓣有紫红色斑，有香气；萼片近披针状长圆形或狭倒卵形；花瓣与萼片相似，常略短而宽；唇瓣长圆状卵形，3裂；蒴果近狭椭圆形。

物候期: 花期3~5月。

生境: 生于湿润但排水良好的透光处。

分布: 分布于保护区海拔700~3000 m。

兰科 (Orchidaceae) 兰属 (*Cymbidium*)

春兰 *Cymbidium goeringi*

形态特征: 地生草本; 假鳞茎卵球形; 叶4~7枚, 带形, 下部常多少对折呈V形, 边缘无齿或具细齿; 花葶直立, 花序具单花, 稀2朵。花色泽变化较大, 通常为绿色或淡褐黄色而有紫褐色脉纹, 有香气; 萼片圆形至长圆状倒卵形; 花瓣倒卵状椭圆形至长圆状卵形, 与萼片近等宽, 展开或多少围抱蕊柱; 唇瓣近卵形, 不明显3裂; 蒴果狭椭圆形。

物候期: 花期1~3月。

生境: 生于多石山坡、林缘、林中透光处。

分布: 分布于保护区海拔300~2200 m。

兰科 (Orchidaceae)　　　　　　　　　　　　　　　　杓兰属 (*Cypripedium*)

黄花杓兰　*Cypripedium flavum*

形态特征： 根状茎粗短；茎直立，密被短柔毛；叶3~6枚，椭圆形或椭圆状披针形，两面被短柔毛；花序顶生，常具1花，稀2花，总花梗被短柔毛；苞片被短柔毛；花梗和子房密被褐色或锈色短毛；花黄色，有时有红晕，唇瓣偶有栗色斑点；花瓣近长圆形，先端钝，唇瓣深囊状，囊底具长柔毛；蒴果窄倒卵形，被毛。

物候期： 花果期6~9月。

生境： 生于林下、林缘、灌丛中或草地上多石湿润之地。

分布： 分布于保护区海拔1800~3000m。

兰科 (Orchidaceae)　　　　　　　　　　　　　　杓兰属 (*Cypripedium*)

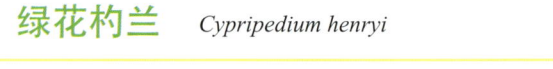

绿花杓兰　*Cypripedium henryi*

形态特征: 茎直立, 被短柔毛; 叶4~5枚, 椭圆状或卵状披针形, 无毛或在背面近基部被短柔毛; 花序顶生, 具2~3花; 花梗和子房密被白色腺毛; 花绿色或绿黄色; 中萼片卵状披针形, 合萼片与中萼片相似, 先端2浅裂; 花瓣线状披针形, 稍扭转, 背面中脉有短柔毛, 唇瓣深囊状, 囊底有毛; 蒴果近椭圆形或窄椭圆形, 被毛。

物候期: 花期4~5月, 果期7~9月。

生境: 生于疏林下、林缘、灌丛坡地上湿润和腐殖质丰富之地。

分布: 分布于保护区海拔800~2800m。

兰科 (Orchidaceae)　　　　　　　　　　　　　　　杓兰属 (*Cypripedium*)

扇脉杓兰　*Cypripedium japonicum*

形态特征： 根状茎较细长，横走；茎直立，被褐色长柔毛；叶常2枚，近对生；叶扇形，具扇形辐射状脉，直达边缘，两面近基部均被长柔毛；花序顶生1花，总花梗被褐色长柔毛；苞片两面无毛；花俯垂；萼片和花瓣淡黄绿色，基部多少有紫色斑点，唇瓣淡黄绿或淡紫白色，多少有紫红色斑纹；花瓣斜披针形，唇瓣下垂，囊状；蒴果近纺锤形。

物候期： 花期4~5月，果期6~10月。

生境： 生于林下、灌木林下、林缘、溪谷旁、荫蔽山坡等湿润和腐殖质丰富的土壤上。

分布： 分布于保护区海拔1000~2000 m。

兰科 (Orchidaceae) 石斛属 (*Dendrobium*)

曲茎石斛 *Dendrobium flexicaule*

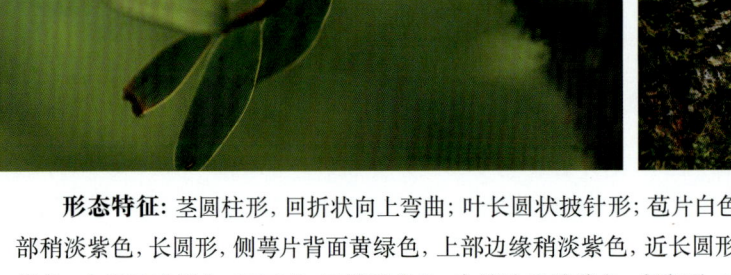

形态特征: 茎圆柱形,回折状向上弯曲;叶长圆状披针形;苞片白色,卵状三角形;中萼片背面黄绿色,上部稍淡紫色,长圆形,侧萼片背面黄绿色,上部边缘稍淡紫色,近长圆形,萼囊黄绿色,倒圆锥形;花瓣下部黄绿色,上部近淡紫色,椭圆形,唇瓣淡黄色,先端边缘淡紫色,宽卵形,不明显3裂,上面密被绒毛,唇盘中部以上具扇形紫色斑块,下部有黄色马鞍形胼胝体。

物候期: 花期5月。

生境: 生于山谷岩石上。

分布: 分布于保护区海拔1200~2000 m。

兰科 (Orchidaceae)　　　　　　　　　　　　　　　厚唇兰属 (*Epigeneium*)

单叶厚唇兰　*Epigeneium fargesii*

形态特征： 假鳞茎近卵形，顶生1叶；叶厚革质，干后栗色，卵形或卵状椭圆形，先端圆而凹缺；花单生于假鳞茎顶端，不甚张开；萼片和花瓣淡粉红色，中萼片卵形，侧萼片斜卵状披针形；花瓣卵状披针形，较侧萼片小，先端尖，唇瓣近白色，小提琴状，宽约1盘，具2条龙骨脊，末端达前唇基部呈乳头状。

物候期： 花期通常4~5月。

生境： 生于沟谷岩石上或山地林中树干上。

分布： 分布于保护区海拔400~2400m。

兰科 (Orchidaceae)　　　　　　　　　　　　　　　火烧兰属 (*Epipactis*)

大叶火烧兰　*Epipactis mairei*

形态特征: 根状茎粗短;叶5~8枚,卵圆形、卵形或椭圆形,基部抱茎。苞片椭圆状披针形;子房和花梗被黄褐或锈色柔毛;花黄绿带紫、紫褐或黄褐色,下垂;中萼片椭圆形或倒卵状椭圆形,舟形,侧萼片斜卵状披针形或斜卵形;花瓣长椭圆形或椭圆形,唇瓣中部稍缢缩成上下唇,两侧裂片近直立;蒴果椭圆形,无毛。

物候期: 花期6~7月,果期9月。

生境: 生于山坡灌丛中、草丛中、河滩阶地或冲积扇等地。

分布: 分布于保护区海拔1200~3000 m。

兰科（Orchidaceae） 山珊瑚属（*Galeola*）

毛萼山珊瑚 *Galeola lindleyana*

形态特征： 根状茎粗厚，疏被卵形鳞片。茎直立，红褐色，基部多少木质化，节上具宽卵形鳞片。圆锥花序由顶生与侧生总状花序组成；花苞片卵形，背面密被锈色短绒毛；花梗和子房密被锈色短绒毛；花黄色；萼片椭圆形至卵状椭圆形，背面密被锈色短绒毛并具龙骨状突起；花瓣宽卵形至近圆形，无毛；唇瓣杯状，不裂，边缘具短流苏；果近长圆形，淡棕色，种子具翅。

物候期： 花期5~8月，果期9~10月。

生境： 生于疏林下、稀疏灌丛中、沟谷边腐殖质丰富、湿润、多石处。

分布： 分布于保护区海拔740~2200m。

兰科 (Orchidaceae)   天麻属 (*Gastrodia*)

天麻 *Gastrodia elata*

形态特征： 根状茎块茎状，椭圆形；茎橙黄或蓝绿色，无绿叶，下部被数枚膜质鞘；花梗和子房橙黄或黄白色，近直立；花被筒近斜卵状圆筒形，顶端具 5 裂片，两枚侧萼片合生处的裂口深达 5 mm，筒基部向前凸出；外轮裂片卵状角形，内轮裂片近长圆形，唇瓣长圆状卵形，3 裂；蒴果倒卵状椭圆形。

物候期： 花果期 5~7 月。

生境： 生于疏林下，林中空地、林缘，灌丛边缘。

分布 分布于保护区海拔 400~3000 m。

兰科 (Orchidaceae)　　　　　　　　　　　　斑叶兰属 *(Goodyera)*

大花斑叶兰 *Goodyera biflora*

形态特征：根状茎长；茎具 4~5 叶；叶卵形或椭圆形，基部圆，上面具白色均匀网状脉纹，下面淡绿色，有时带紫红色；苞片披针形，下面被柔毛；子房扭转状，被柔毛；花长筒状，白或带粉红色；萼片线状披针形，背面被柔毛，中萼片与花瓣粘贴呈兜状；花瓣白色，无毛，稍斜菱状线形，唇瓣白色，线状披针形，基部凹入呈囊状，内面具多数腺毛。

物候期：花期 2~7 月。

生境：生于林下阴湿处。

分布：分布于保护区海拔 560~2200 m。

兰科 (Orchidaceae) 斑叶兰属 (*Goodyera*)

斑叶兰 *Goodyera schlechtendaliana*

形态特征: 根状茎伸长,茎状,匍匐,具节。茎直立,绿色,具4~6枚叶。叶片卵形或卵状披针形,上面绿色,具白色不规则的点状斑纹,背面淡绿色。花茎直立,被长柔毛;总状花序,花苞片披针形,背面被短柔毛;花较小,白色或带粉红色,半张开;萼片背面被柔毛,具1脉;花瓣菱状倒披针形,无毛,具1脉;唇瓣卵形,基部凹陷呈囊状。

物候期: 花期8~10月。

生境 生于山坡或沟谷阔叶林下。

分布: 分布于保护区海拔500~2800m。

兰科（Orchidaceae）  羊耳蒜属（*Liparis*）

羊耳蒜 *Liparis campylostalix*

形态特征： 地生草本；假鳞茎宽卵形，被白色薄膜质鞘；叶2枚，卵形或卵状长圆形，基部成鞘状柄，无关节；总状花序具数朵至10余朵花；花淡紫色；中萼片线状披针形，侧萼片略斜歪，花瓣丝状，唇瓣近倒卵状椭圆形，从中部多少反折，先端近圆，有短尖，具不规则细齿，基部窄，无胼胝体。

物候期： 花期7月。

生境： 生于林下岩石积土上或松林下草地上。

分布： 分布于保护区海拔2650~3000 m。

兰科 (Orchidaceae) 羊耳蒜属 (*Liparis*)

见血青 *Liparis nervosa*

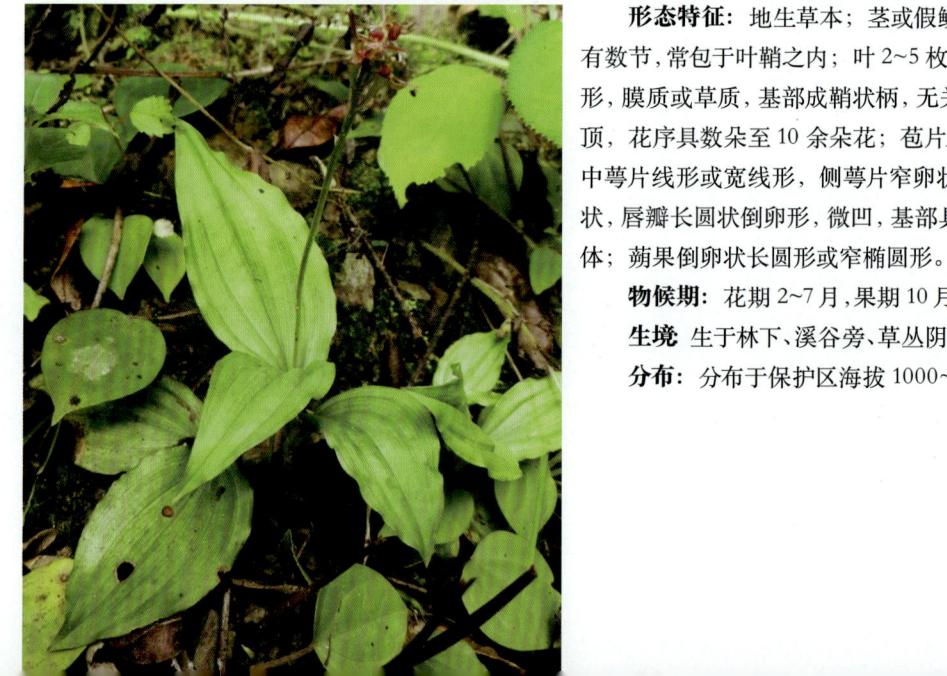

形态特征： 地生草本；茎或假鳞茎圆柱状，肉质，有数节，常包于叶鞘之内；叶 2~5 枚，卵形或卵状椭圆形，膜质或草质，基部成鞘状柄，无关节；花葶生于茎顶，花序具数朵至 10 余朵花；苞片三角形；花紫色；中萼片线形或宽线形，侧萼片窄卵状长圆形；花瓣丝状，唇瓣长圆状倒卵形，微凹，基部具 2 近长圆形胼胝体；蒴果倒卵状长圆形或窄椭圆形。

物候期： 花期 2~7 月，果期 10 月。

生境 生于林下、溪谷旁、草丛阴处或岩石覆土上。

分布： 分布于保护区海拔 1000~2100m。

兰科 (Orchidaceae)   鸟巢兰属 (*Neottia*)

尖唇鸟巢兰 *Neottia acuminata*

形态特征：植株无毛；花序常具20余朵花；苞片长圆状卵形；子房椭圆形；花黄褐色，常3~4朵呈轮生状；中萼片窄披针形，侧萼片与中萼片相似；花瓣窄披针形，唇瓣常卵形或披针形，不裂，边缘稍内弯；蒴果椭圆形。

物候期：花果期6~8月。

生境：生于林下或荫蔽草坡上。

分　布：分布于保护区海拔1500~3000m。

兰科 (Orchidaceae)　　　　　　　　　　　　　　　齿唇兰属 (*Odontochilus*)

西南齿唇兰　*Odontochilus elwesii*

形态特征： 植株茎无毛，具 6~7 枚叶；叶卵形或卵状披针形，上面暗紫或深绿色，有时具 3 条带红色脉，下面淡红或淡绿色；花序轴和总花梗均被柔毛；苞片卵形，被柔毛；花萼片绿或白色，先端和中部带紫红色，被柔毛，中萼片舟状，与花瓣粘贴呈兜状，侧萼片稍张开，斜卵形；花瓣白色，镰状，稍内弯，无毛；唇瓣位于下方，前伸，呈 Y 字形，无毛。

物候期： 花期 7~8 月。

生境： 生于山坡或沟谷常绿阔叶林下阴湿处。

分布： 分布于保护区海拔 300~1500 m。

兰科 (Orchidaceae)　　　　　　　　　　　　　　石仙桃属 (*Pholidota*)

云南石仙桃　*Pholidota yunnanensis*

形态特征: 根状茎匍匐、分枝, 密被箨状鞘, 假鳞茎相距1~3 cm, 近圆柱状, 顶生2叶; 叶披针形, 坚纸质, 具折扇状脉; 具短柄; 花葶顶生于幼嫩假鳞茎, 连幼叶生于近老假鳞茎基部的根状茎上, 花序具15~20朵花; 蒴果倒卵状椭圆形, 有3棱。

物候期: 花期5月, 果期9~10月。

生境: 生于林中或山谷旁的树上或岩石上。

分布: 分布于保护区海拔1200~1700 m。

兰科 (Orchidaceae) 舌唇兰属 (*Platanthera*)

舌唇兰 *Platanthera japonica*

形态特征： 根状茎指状、近平展；茎粗壮，4~6枚叶，下部叶椭圆形或长椭圆形，基部鞘状抱茎，上部叶披针形；花序具 10~28 朵花；苞片窄披针形；花白色；中萼片舟状，卵形，侧萼片反折，斜卵形；花瓣直立，线形，与中萼片靠合呈兜状；唇瓣线形，肉质，先端钝；距下垂，细圆筒状至丝状。

物候期： 花期 5~7 月。

生境： 生于山坡林下或草地。

分布： 分布于保护区海拔 600~2600 m。

舌唇兰

兰科 (Orchidaceae) 　　　　　　　　　舌唇兰属 (*Platanthera*)

小舌唇兰　*Platanthera minor*

形态特征：块茎椭圆形；茎下部具 1~2 ⑶ 大叶，上部具 2~5 枚披针形或线状披针形小叶；叶互生，大叶椭圆形、卵状椭圆形或长圆状披针形，基部鞘状抱茎；花序疏生多花；苞片卵状披针形；花黄绿色：中萼片直立、舟状，宽卵形，侧萼片反折，稍斜椭圆形；花瓣斜卵形，基部前侧扩大，与中萼片靠合呈兜状；唇瓣舌状，肉质，下垂；距细圆筒状，下垂。

物候期：花期 5~7 月。

生境：生于山坡林下或草地。

分布：分布于保护区海拔 250~2700 m。

兰科 (Orchidaceae)   独蒜兰属 (*Pleione*)

独蒜兰 *Pleione bulbocodioides*

形态特征: 半附生草本；假鳞茎卵形或卵状圆锥形，上端有颈，顶端1枚叶；叶窄椭圆状披针形或近倒披针形，纸质；花葶生于无叶假鳞茎基部，下部包在圆筒状鞘内，顶端具1~2花；花粉红至淡紫色，唇瓣有深色斑；中萼片近倒披针形，侧萼片与中萼片等长；花瓣倒披针形，唇瓣倒卵形，3微裂；蒴果近长圆形。

物候期: 花期4~6月

生境: 生于常绿阔叶林下或灌木林缘腐殖质丰富的土壤上或苔藓覆盖的岩石上。

分布: 分布于保护区海拔900~3000m。

索 引 （下）

索引1　科名中文名索引 （Index to Chinese Name for Family）

索引2　科名学名索引（Index to Scientific Name for Family）

索引3 植物中文名索引 (Index to Chinese Name for Plant)

索引4　植物学名索引（Index to Scientific Name for Plant）

Z

鸣　谢

　　千里之行，积于跬步；万里之船，成于罗盘。中南民族大学科考小组在湖北巴东金丝猴国家级自然保护区的野外工作、标本分析鉴定、资料整理和图鉴编写过程中，曾得到保护区内每一位同志的大力支持和帮助，在此谨致以谢意！

钱才东　宋法明　谭文赤　向子军　孙长奎　谭俊艳　赵德缙　朱　云

向　东　杨　益　陈奎田　江　赵　爽　李　田　黄光龙　梅云锋

胡朝正　梅云华　王　宇　宋发明　杨献春　陈　美　高可军　蒋邦琼

郑　平　胡　青　谭　骞　易开英　黄祥山　杨献柱　范绍斌　胡安俊

彭祚义　周前凤　王相梅